非凡出版

黃慧玟
（Natalie Evie）
著

求職

法術

面試達人之EQ秘技

獻給我的老師
　張諾雯女士（Anthea Cheung）

推薦序

▶ Natalie 的書終於面世了，我由衷地為她感到高興。憑着她這麼多年專注於招聘的實踐、教學、諮詢、培訓，積累了豐富的經驗，幫助很多年輕人在面試中脫穎而出，我相信這本書能夠幫助到更多的人，因為不論找工作、申請學校抑或是給孩子申請幼稚園，我們這一生要面試和被面試的場合實在是太多了。

10 年前我認識 Natalie 時，她還在負責高盛的校園招聘，我被她在招聘方面的專業性折服，因此特別請她為我們的本碩 MBA 學生做過一系列的講座和諮詢，雖然都是公益性的，但她非常熱心，每一次都是傾情投入，每一次她都收穫很多粉絲。

這本書非常值得大學生一讀。它不僅詳盡介紹了招聘中面試的邏輯和流程，而且從招聘方的視角提供了很多對面試者行為的解讀，對人際溝通會有啟發性。她還提供了非常全面的技巧清單，可以說是參加面試的錦囊妙計了。

另外不得不提到的一個亮點是情緒在面試中的影響。Natalie 本人是情緒管理的執業專家，她把面試中微妙的情緒變化的觀察和管理方法也一一傳授給讀者，這是此類書籍中鮮有提及的，讀完令人耳目一新，重新審視我們與他人之間的溝通交流，這已經不再拘泥於面試的場景，而是可以受益終生的能力了。

王冬霞

北京大學光華管理學院 院長助理
職業發展中心主任
EMBA、DBA 項目執行主任

我相信人能透過努力去改變命運。

　我也相信做事情要有方法、有步驟、有技巧才能事半功倍，不能盲目依賴堅持和努力。

　Natalie 是一位優秀的導師，這不單是說她對情緒智能（Emotional Intelligence）這題目有深入的理解和她擅長把這些認知應用在職場和生活裏，她還有一顆善良的心，樂於助人。有一次我告訴她有關我孩子的事情，那幾天大家都很忙，但她一直記掛在心裏，終於她在百忙中抽時間來到我公司附近，不避嫌又坦誠地給我意見，只是為了盡她最大的努力來幫助我，讓我從一個新的角度和智慧，運用情緒智能來解決我的問題。

　能有這樣的朋友我只覺幸運和感恩，我當然也是她忠實的粉絲。我也有在大學授課的經驗，我覺得我能在 3 小時的課堂裏維持大部分的學生的注意力，也算不錯了，但有一次我去聽她的課，座無虛席，4 小時的課堂裏絕對沒有冷場。她清晰的解說來自她的智慧，而她的感染力和正能量，則來自她溫柔善良的愛心，以及服務人群的信念。

　作為本書的翻譯者，我很開心能成為她這書的第一個讀者，

譯者序

並有機會參與此書的製作。在翻譯的過程裏我們有很多互動，讓我更了解她的知識原來都是她自身的寶貴經驗，來得不易。在人生的路程上，她走出一條屬於她自己的新路，而途中不斷地無私地協助他人。難得的是，這書除了教導你求職的策略和技巧，你還可以在這個過程裏，更了解自己和更能判斷你申報的工作是否真的適合你。

事業和工作不是生命的全部，但它的確是很重要的部分。我和她一樣，都希望這本書能幫助你走上屬於你自己的光明大道。

蔡昀
Aaron Choi

自序

多年前我曾請教我的老師張諾雯，自己應否寫一本書呢。她給我的答覆是：「如果妳想的話，可以啊，妳想嗎？」我就撫心自問：「我想嗎？」我內心的回答是：「不想。」張老師說：「如果不想，那就『不需要努力，強逼自己去做』」。於是我便放下了壓力，不強逼自己，擱置了寫書的計畫。

上年突然有兩間出版社表示有興趣與我合作出版新書。當第一間出版社聯絡我時，我以工作忙碌為理由拒絕了他們。但當第二間出版社出現時，我覺得這是一個徵兆，冥冥中告訴我要寫這本書。

我終於坐下來開始本書的寫作，但馬上遇到創作的心理阻滯（Writer's block），究竟我應該從何開始呢？我試圖在電腦的一個叫「書」的舊檔案夾裏尋找靈感，竟找到了一份 5 頁的文件，把面試的技巧列出大綱。我細看之下驚覺有人把我多年在中國內地和香港的大學裏教授關於求職面試的內幕秘密寫了出來，有系統地劃分成不同的部分，就像一本書的雛型。我很好奇這一切是誰做的，難道有另一個我嗎？

於是我看看電腦檔案的資料，令我驚呆的是那些文件在 2010 年撰寫，即我離開高盛之後的一年，文件的創建人是……我自己！

我從來都覺得我「應該」寫

一本書，分享我對面試的心得。多年來，很多人都勸喻我寫這本書，讓未能上我的課或未有機會接觸我的人也可以從中獲益，特別是關於如何爭取到夢想的工作這命題上。面對我輔導的客戶，我有時也想，如果有這樣的一本書讓他們先看看，才找我幫忙，這樣效率會高很多。

但我又非常猶疑，要在我滿滿的工作日程表和照顧兩個孩子之間再空出時間，似乎是一件苦差，所以多年來每當「寫書」這念頭出現的時候，我都會回想張老師給我的教誨，問問自己：「我想嗎？」，每次我都很堅定不移地回答自己：「不想。」

到開始寫這本書的時候，令我自己感到驚喜的是寫作比預期快得多，因為要寫的都是我耳熟能詳的題材。宇宙間也好像配合着我的需要，提供很多教授編寫履歷表和面試技巧的機會給我，每次我演說的時候，都令我更能有效地在腦海中組織這本書。

正如當天張老師跟我說的：「不需要努力，強逼自己去做」，當你做一件「應該」做的事情時，你不會享受，但當你選擇做一件「樂意」去做的事情時，那是一個輕而易舉和很享受的旅程。若要完成一件幫助他人的事情，冥冥中上天會從中協助你成事，所以我很感謝張老師那隱約而睿智的忠告，你當年簡單的回答，我到現在才完全明白。幸好

有你，當年我沒有強迫自己去寫這本書，亦沒有因為未能做到我所謂「應該」盡的責任而感到內疚，所以現在才有這美好的時機執筆寫好這本書。

若不是有好朋友和導師的支持，這書是不可能出現的。

感謝我摯友和舊同事 Aaron Choi，他為本書進行翻譯；本書原稿我是先以英文寫作，再請 Aaron 譯成中文；他常在週末、平日晚上甚至假期都努力不懈地為此書工作。沒有他，這本書是不可能出現的。我也非常感激與我同是導師的 Daniel Ying，他給了我堅定的支持和指導，真誠地鼓勵我寫這本書。

我也感謝在百忙之中為我第一本書作序的好朋友 —— 北京大學光華管理學院的王冬霞院長助理。

感謝我的家人，尤其是我的孩子們，他們一次次地要聽我説等我把書寫好才能和他們玩，現在我終於可以和你們一起玩了！

感謝所有我輔導過的或曾來聽我課的人，是你們給我這機會，過一個有意義的人生。

最後要再次感謝張諾雯老師，感謝她多年來給我的充滿智慧和愛心的教誨和指導。

黃慧玟
Natalie Evie

CHAPTER 1
找工作的成敗取決於你的情緒智能

目錄

還記得第一次面試時我只有 12 歲，當時我在家鄉加拿大溫哥華剛剛完成小學課程，在成為中學生前的最後一個暑假，我想着要做點甚麼，不要白過了那段光陰。那個時代的孩子都很自由，父母在工作上奔波勞碌的時候，我通常和朋友無憂無慮地在外玩耍。

第一次面試

在未有互聯網的年代，各類型的工作空缺都會刊登在報紙上。每年暑假，都會有些招聘廣告標榜人工高又毋須工作經驗，雖然這類型的工作聽上去不太安全，可是能賺些錢來幫補我微薄的零用錢，這機會實在太吸引了，當年我便偕朋友一起應聘，幸好我沒有遇上甚麼不法的勾當，安然無恙，能倖存下來講述這個故事，而媽媽一直都不知道我那些年曾這麼魯莽地做了如此危險的事情。

在我腦海裏最深刻的一幕，就是面試時感受到極度無助和恐懼。我害怕被別人發現我的不足，當時完全想像不到面試官下一題會問我甚麼，或到底他想聽到怎樣的答案，我感覺自己在被審判，既尷尬又難堪，但又不知道對方的準則是甚麼，我的表現是好或壞？我統統都不知道。我由衷地渴望得到那份工作，但我的信心在對方面前頓時全溜走

引言

了，這種矛盾使我極不好受。

　　雖然我最後還是得到了那份工作，但這經驗令我感到失落。還記得那天晚上我回顧面試的經過，我意識到在將來的日子，我也要面對無數面試，所以，我立志要找出一個理想的面試方法！我堅信一定有一個完美應付面試的做法，可以讓我在面試過程中有一定的認知和預期，讓我能充滿信心地面對，並在可能的範圍裏掌控面試的進程。

透過傳授見工秘技分享愛

　　2003 年，在我擔任輔導計劃導師時遇上了 Lawrence，一個在嶺南大學的年輕學生。其實當時我和他都是第一次參與正式的輔導計劃，我還記得他既緊張又熱切，缺乏自信但具有高度的自我意識。他有一個明確的目標，就是要變得有自信、變得敢言，爭取到一定程度的成功以回饋社會。他來自一個典型的新移民家庭，8 歲時跟隨父母從國內搬到香港居住，父母從事清潔勞動工作來維持一家的生計。Lawrence 說最初學習廣東話感到很吃力，且口音不純正，同時自己的英語能力追不上本地學生的程度，令他面對很大壓力，自覺和這陌生的社會格格不入。

　　其實我也是來自移民家族，被稱為老華僑。兩歲時我跟隨父母移民，只是我們是從香港到

加拿大，Lawrence 則從內地來到香港。我們兩個共同擁有一個「外地人」的新移民故事，兩家都是為了過上更好的生活。Lawrence 對人生充滿熱情，而且非常謙虛，有強烈的好學上進的心，對於幫助過自己的人也抱有感恩之心，他這些優秀的個性深深感動了我，於是在輔導過程中，我毫無保留地分享了能幫他進步和提升自信的方法及技巧。

有天他致電給我，誠懇地請求我的幫忙。當時他在申請一筆獎學金，希望我可以幫忙指導他兩星期後的面試，我馬上爽快答應。可是當時我每天都工作到晚上 11 時，所以我向他解釋，只能在每晚 11 時到凌晨 1 時，在公司透過電話輔導他如何應付這面試，他欣然答應了。

在接着的兩個星期，我們透過通電話進行了三次培訓。Lawrence 學習能力很高，面試前他已充滿信心，最後，他也成功取得這項獎學金。

我跟你分享這件事情，是因為後來發生的事情，成為了我人生的一個轉捩點，讓我立志在我有生之年都透過授課或輔導來幫助別人。

Lawrence 跟我說了這個好消息之後，才解釋給我聽這獎學金對他們一家何等重要。他的雙親一直節衣縮食，讓兩個孩子能接受教育，而且用了僅餘的錢買了一所小房子，希望保障一家人的生活。可是，當時家庭的經濟壓力不容小覷，父母在把錢花在供還房貸，或是供他兩兄弟繼續讀書之間難以抉擇。他表示父母較傾向放棄房子，讓他和弟弟可以繼續唸書，他則打算放棄學位來減輕父母金錢上的壓力，房子便得以保留。幸運的是，有了這筆獎學金，他父母既可以留下這辛苦賺來的房子，而他也能如願以償繼續讀大學。

在聽到他的故事之後，我感到十分震驚。我從來沒有想過只是花了自己數個小時的餘暇，做

一些我輕而易舉的事情，輔導他應付面試的技巧，就能對一個家庭有如此深遠的影響。我向來覺得自己只是一個很普通、很卑微的人，想不到原來冥冥中我也有幫忙他人的能耐和機緣！

為了這本書的出版，我主動聯絡了 Lawrence，請他准許我分享這感人的故事，他也一貫謙遜和自信地答應了我。多謝你，Lawrence！你是我人生歷程上一個非常重要的轉捩點，是你讓我發現自己能透過服務他人而分享愛，並豐盛我的人生。

開展企管導師和高管教練的新歷程

回想起來，多虧第一次的面試經驗，思考如何應付面試的策略便成為我其中一項終生任務；多虧 Lawrence，我領會到自己能為他人的人生帶來重大而正面的影響，也給了我勇氣和動力，克服自己對公開演講的恐懼。在

高盛調配到院校招聘的工作，讓我可以從一次影響一個人，演變為一次影響數百人，直至我離職前，我曾向國內八千名學生傳授我的求職方法。

後來，我在職場上感到極度的疲累，對人生感到迷失，多虧我女兒的誕生，令我決意離開職場，成為一個企管導師和高管教練。我還記得把她緊緊抱着，對她許下了承諾，我希望她能從自己的靈魂深處，找到人生有意義的東西，而我一定會身體力行，盡我所能，成為她的榜樣。我要讓她知道，在這個世界上我們不僅只是為了生存而活，我們可以選擇過一個充滿意義的生命。

然後，我很快便找到我要走的人生路（其實這條路一直都在我面前，只是我在企業生涯的庇護之下，沒有想過離開這個安全網，因而忽略了），在某個夏天我毅然離職，開展了作為輔導培訓的企管導師和高管教練的新歷程。到目前為止，我審閱過逾一

萬五千份履歷表，曾為逾一千人進行面試，並有超過三萬人參與過我的課堂和輔導。

運用「求職法術」踏上旅程

很多朋友都誤會了，以為我在面試求職這方面的專業知識，一定來自我任職高盛時，負責在各大學進行招募工作所累積而來的經驗。其實在我入職高盛多年之前的那個夏天，我就開始積極汲取在求職方面的知識，而面試的藝術和策略，更逐漸成為一項我終生鑽研的項目。高盛提供給我的，是一個引證，發展和實踐我鑽研出來的方法和理論的平台——當時我負責篩選履歷表，安排面試，擔任面試官。我需要整理各面試官的回饋，也跟進聯絡應徵者的工作，使我能在一次面試中，就聽取了面試官和應徵者雙方的想法，以及彼此對面試時對答的解讀，從中理解到各人的思維、判斷和傾向。

我不只是面試的見證者，還很積極參與面試，因為我除了曾任職人事部，也曾任職業務部門負責招聘的工作，成為公司人事部的內部客戶。在編寫本書的過程裏，我融合了在招聘過程中，不同崗位的主管或員工的各有不同的優先考慮。求職者若希望在應徵的每一階段，都把成功率提到最高，就一定要針對每一個接觸點、每一個環節執行最佳的策略。

這樣說可能會令你覺得：「求職技巧這課題很複雜呢！」，請放心，這些技巧是可以順利實踐的。我的另一個長處，就是能把複雜的概念簡化，讓它們成為可以容易走上的階梯。那麼，現在就讓我一步一步運用「求職法術」，帶領你踏上這求職旅程吧！

CHAPTER

1

找工作的成敗
取決於你的情緒智能

·· Lesson 1 ··
找工作有如約會

把握每個機會，
表達你就是一個完美的人選！

邁向面試成功的第一步

很多求職者找工作失敗的原因，往往都可以追溯到他們在面試時，只把焦點放在他們想告訴面試官自己各樣事情的態度上。

乍聽之下好像沒有甚麼不妥，畢竟，無論是在面試進行的時候或在履歷表上，求職者都需要把握每個機會，來表達他就是一個完美的人選。可是大部分人都沒有做好準備功夫，沒有好好地掌握面試官其實最想要的是甚麼。有些人自覺對面試官或所應徵的工作認識不夠，於是在面試時只懂拋出很多不太重要的資料，對面試官判斷他是否適合這份工作一點幫助也沒有。那些沒有這份自覺的人們，更只懂表達很普通的基本資料訊息，不能讓他在眾多求職者中脫穎而出，或未能有力地呈現出他是一位有一定成就和能力

在這本書裏，我會把招聘人員統稱為「面試官」，包括負責篩選履歷表或進行面試的同事，也包括負責招聘的部門主管等，並簡稱為女性「她」或「她們」，求職者簡稱為「你」或男性「他」。

的人。

　　如果你也是這樣做的話，你可能會把面試官的注意力轉移，讓她忽略了你的優點。更壞的情況，是你可能會不經意地包含了一些對你應徵不利的訊息，又或你表達的模式並不符合她們心裏理想求職者的形象。

　　我想起香港人一句流行的説話：「輸在起跑線」，形容父母受到一種憂慮感驅使，這種憂慮，跟一句流行的英語 —— FOMO，有類似的意思。FOMO 是 Fear of Missing Out 的簡寫，意指父母們怕錯過每一個培養孩子的機會，在孩子出生後，已開始努力籌劃如何把孩子送上他們認為最好的幼稚園、訓練班等等，把孩子放在最有利的位置，讓他們能「贏在起跑線」。不要因為 FOMO 的心態，令你盲目努力，這樣是不足以取得成功。你需要將你的努力，配合正確的態度，用在執行正確的策略之上。如果你把這些準備工作都做得好，那麼你就可以在求職的整個過程裏充滿信心，而事情的發展也盡在你掌握之中。你會發現自己能在應徵過程的每一階段都「贏在起跑線」。

　　在應付面試過程中的第一步，也是最重要的基礎一步，就是要清楚了解，甚至乎要比面試官更清楚地明瞭，她想要的其實是甚麼。只有掌握到這方面的資訊，你才能有效地設計和編寫你的履歷表，和充分準備你面試時可能要回答的問題，讓她知道你能滿足她的要求。不要讓面試官估算你是否合適，而是要直接告訴她，你具備她想要的條件，所以你是最好的人選。

猶如約會一樣

現在我們知道面試前需要做些甚麼，那要怎樣進行呢？我們可以把面試想像成為一個約會的過程。一個男生對一個女生產生興趣，通常他會怎樣做呢？譬如說，John 想追求 Mary，他可能會利用網絡尋找關於她的訊息、她的性格、生活模式和喜惡。John 可能會尋找他們倆的共同朋友，並向他們查詢關於 Mary 的事情。這些功課都會幫助 John 發掘 Mary 喜歡甚麼類型的男生，而在他有機會見到 Mary 的時候，調整他的外觀和談話內容，投其所好，令她覺得他是理想的男朋友人選。假設，Mary 喜歡運動型的男生，John 則可盡量找機會說些他參與過的運動項目。如果 Mary 喜歡較隨和的男生，John 在約會時也不適宜穿得太正式和拘謹。如果 John 想送花給 Mary，也需要知道她喜歡哪類型的花，最低限度也要在訂花之前探聽到她喜歡的顏色。

以上都是一段關係開展的時候，男生追求女生時通常會做的事情。只要 John 在乎他約會成功的機會，他都一定不會穿得草率馬虎，對 Mary 一無所知地去赴約。他送花的時候，不會不先設想她會喜歡怎樣的花，更不會告訴 Mary 自己討厭運動而只會整天呆在沙發上看手機。

也許有些讀者看到這裏會覺得不能認同，甚至感到少許憤慨，覺得 John 的做法實在不坦誠，的確，John 最需要關注的地方，其實是他和 Mary 是否真的匹配，而不單是如何能與她成功約會和贏取她的歡心。在找工作方面，我也認為應徵者不應盲目求職，他應該詳細考慮這份工作是否真的適合，不過我們還是先集中在準備工作這課題上吧。

現在我們重溫一下 John 約會的過程。John 為了贏取 Mary 的垂青，他需要：

> 調查 Mary 的偏好和喜惡，
> 從而得知她的擇偶要求。

↓

> 在和 Mary 溝通的時候，
> 盡量多表達自己和 Mary 要求吻合的地方。

↓

> 在自己不太符合 Mary 要求的地方，
> 則輕描淡寫地低調處理。

換句話說，在面試前後，你需要：

> 清楚知道面試官的傾向和要求，
> 透過查詢及研究得知她要求一個怎樣的員工。

↓

> 在和面試官溝通的時候，
> 盡量多表達自己跟這份職位的要求吻合的地方。

↓

> 在自己不太符合面試官要求的地方，
> 則輕描淡寫地低調處理。

這就是在招聘過程裏每一個接觸點，由編寫履歷至每一次的面試的事前準備和事後跟進，都是循着這樣的思路着手處理。

這個道理看似很顯淺易明，可是我輔導過的客戶、指導過的學生，又或曾與我進行過模擬面試的朋友，很多都敗在這一點。有時是

因為他們對所應徵公司和工作的研究做得不夠深入，有時是雖然他們對公司和工作的要求研究得很透徹，但他們卻在履歷表上或在面試的時候，他們不能演繹好「最適合的應徵者」這角色。

在一般的對話裏，通常人們都只顧說出自己的看法，而沒有真的用心聆聽對方的說話。同樣地，很多求職者都只顧說出自己想說的事情，而不是面試官想聽的東西。要如何聯繫這兩者，縮小它們的差距，其實正是成敗的關鍵所在。

面試的過程其實是一個銷售的過程——你銷售的產品是你自己；能促成買家成交，一定是因為你勸服她這產品能滿足她的需要。倘若你進行銷售之前，沒有精準的策略考慮買方的意向，那麼你銷售成功與否就只靠運氣——意即依賴運氣來讓你遇到一個既賞識你產品的優點，而又想要這些優點的買家（就像信任「一見鍾情」），又或是一個有迫切需要而沒有其他選擇的買家（就像盲目的愛情）。

要弄清楚面試官的要求，你需要高清晰度的認知，並能平衡以下兩點：

你想告訴面試官甚麼東西？	面試官想知道甚麼東西？

換句話來説：

你在銷售些甚麼？ （你的賣點）	她想買甚麼？ （買方的需要和想要的）

　　之前我也有提過，人們通常都只聚焦在自己想説的東西，即「你想告訴面試官甚麼？」。關鍵是要平衡兩者，就是你想説的事情以及她想要和想知道的東西，而大多數人都忽略了後者。在下一課，我會和你一步一步分析如何能徹底地做到這點。

•• Lesson 2 ••
了解僱主的
想法和感受

只有遇到不符合的人，
才知道自己想要的是甚麼。

職場上的情緒智能

那些曾修讀過我「編寫履歷」和「面試技巧」等課堂的朋友，一定可以為我作證，這些課程其實都是把情緒智能的心理學，應用在求職和面試的範疇上。我的好友 Dr. Kang Lee 是一位神經科學者、社會行為心理學家和現今「認知發展論」的世界權威之一，他曾和我分享甚麼是情緒智能：

—— 情緒智能 ——

① 管理，認知和理解自己的感情，思想和信念

② 認知和理解他人的感情，思想和信念

③ 認知和理解他人如何看待自己

運用這些知識而對別人作出正面的互動

人與人之間的互動當中，就呈現了彼此的情緒智能。所以，面試其實是情緒智能的一種試煉 —— 你如何理解自己，如何理解他人（履歷表的篩選者、面試官、進行招聘的部門主管等）和他們怎樣看你，以及你如何能藉着這些認知來與他們正面互動，而這種正面互動的結果，就是讓你能得到你申報的職位。

有時人們透過我的簡歷得知我所教授的課目非常廣泛：由「面試技巧」到「專業形象」，由「情緒智能」到「變革管理」，感覺可能有點匪夷所思。其實這些題目都有一個共通性，就是它們都是關於人的互動，貫穿這些命題的，其實都是應用在職場上的「情緒智能」，亦即是「職場智能」。

那我們怎樣把情緒智能應用在找工作的過程裏呢？這個過程裏有個核心部分，就是面試官的「內心清單」。這個「內心清單」基本上是求職者的「願望清單」。

重用剛才男女約會的比喻能讓這概念較易理解。你有沒有單身的女性朋友，正在尋找男朋友呢？我有些女性朋友問我有沒有合適她們的男生可以介紹時，我都會問她們想結識到一個怎樣的男人。她們通常都會籠統地回答「someone nice！」。但當我介紹 Mr. Nice 給她們時，她們又會提出一系列的理由，解釋這個男生如何不適合，例如他太矮小 / 瘦削 / 肥胖 / 沒有吸引力 / 沉悶 / 收入少等等。雖然她們的表達未必會如此直接，但她們字裏行間的意思卻十分清楚。

如果 Mary 在尋找一個高大 / 俊朗 / 有趣的男生，那為甚麼她當初沒有說出她的條件呢？我有一次在蜜運的時候，把我的男友介紹給我媽媽認識。她在他離開後馬上面露鄙夷地說：「他實在太矮了，我討厭長得矮的男生。」我感到很意外，我從不覺得我的男友矮小。原來在

我媽媽的「內心清單」裏，選擇伴侶時，男生的高度是一個優先考慮的指標，而在我的「內心清單」裏，則沒有這個先決條件。

同樣地，就算是面試官本人親自編寫了招聘啟示，雖然她對需要招聘的工作崗位有詳細的認識，但她仍然未必完全説出她心目中理想人選應具備的條件。直到她親自面見一個求職者，突然間，她又能清楚解釋這求職者不足的地方，原來不符合她「內心清單」裏的某些條件或特徵。

內心的審核清單

這是我為甚麼把它形容為「內心的審核清單」或「內心清單」，它是隱藏在潛意識的層面裏，只有在遇到一個不符合這清單要求的人時，才對她的判斷發揮作用。就算面試官有把清單列出來，但很多時都對清單上各條件沒有釐清優先次序。但肯定的是，每個面試官內心都對各項條件項目有不同的優先考慮。招聘廣告是一份清單，但它沒有對不同的要求選項羅列出彼此的主次，不過我們可以透過仔細的分析，把面試官心裏的優先次序發掘出來。

這「內心的審核清單」是你求職的藍圖，你要設身處地理解面試官的要求，製作她的「內心的審核清單」。你編寫得愈準確，你成功的機會就愈高。這令我想起 2000 年的一套荷里活電影，由 Mel Gibson 飾演主角，他在電影裏飾演一位大男人主義的成功廣告界高層，有天他突然得到了超能力，讓他聽到身邊女生內心裏沒有説出來的話，明白到女生心裏的想法和口裏所説往往完全相反，這一點為他帶來工作上和追求女性時的便利之餘，卻也讓他能重新認識女性和改變了自己

的人生觀。如果你也能像他一樣掌握到人們的心思，你在求職時也能得到新的啟示和取得成功。

那為何 Mary 不直接說出她在尋找一個高大 / 俊朗 / 有趣等等的男生呢？也許她不太願意這麼直接說出她的要求和偏愛，但很多時大部分人，包括面試官，對自己真正想要甚麼其實不十分清楚，直到你把一位求職者或求偶者帶到她跟前，她才知道這是不是她想要的。

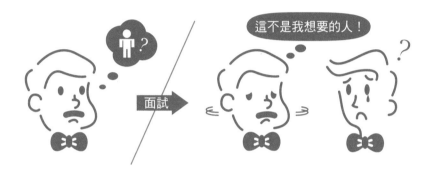

你當下要做的事情，就是準確地重組面試官的「內心清單」。要做好這一點，你需要進入面試官的思維和心靈，同樣地，你也要導入面試官的身份來明白她。接下的課堂讓我教你怎樣做到這點吧！

•• Lesson3 ••

如何弄清楚僱主的內心審核清單？

遇到要認真看待的問題時，
必須全力以赴。

　　要弄清楚面試官的「內心審核清單」其實並不困難，只是需要花一定的功夫。多年來我都有閱讀對求職有啟發性的文獻或書本，並研發出一套獨家技巧，我除了嘗試運用這些寶貴知識外，也會進行事後檢討，研究甚麼技巧有效，探討面試官的反應，和自己在面試過程不同階段裏的感受。我做這些功夫的終極目的，其實是要令自己提高應付面試的信心和減低緊張度。

　　誠然，這對我來說是一項挑戰，因為我從小就是一隻驚弓之鳥，遺傳了媽媽容易神經過敏的性格。我畢業後，經歷人生第二次面試，面試官對着不停顫抖的我，安慰地説：「不用緊張，我們隨便談談就成」，後來我總算是被取錄了。

　　我一直沿用我想出來的方法，在每一次求職申請都能成功被取錄，不論是在韓國唸書時為當地企業做英語培訓，還是我中學到大學

時期申請的兼職工作，甚至是我畢業後申請進入高盛的工作，都幾乎百分之百成功。在高盛任職的時候，我除了為各部門進行招聘，也成為被內部招聘的對象，不論是信貸部、研究部、法律部和股票銷售部都在經過面試後有意把我調配去他們的部門。若然 2008 年沒有爆發金融危機，公司沒有發生這大大影響了人事部署的巨變，我也許到現在還是一名股票銷售部的前線職員。亦幸得我唯一一次失敗的經驗（我會在之後分享），讓我不斷完善這個行之有效的方法。

我將整個求職的過程，設計成一系列有意識的行動路徑，帶着大家進一步理解、管理及影響自己和面試官的思維和感受，並以此為依歸，產生雙方良性而正面的互動。一直走到這互動過程的終點——一紙聘書。這種自我反省的做法，也具備「正念思維」（Mindfulness）和情商智能的理念，可應用在其他人與人之間互動或溝通的情況。

在 2000 年，我開始指導朋友利用這方法求職，那些每次都碰壁的朋友們，使用我的方法後，都收到超過一份聘書。還記得我第一次向朋友分享我的方法，當時 Mark（化名）是一位金融業的銷售員，他已待業一段時間，我曾幫忙修改他的履歷表，此舉也為他帶來多次面試的機會，可是每次面試之後，他都不能進入下一輪的甄選。那時的他，既氣餒又失去了自信，我很想再幫他，教他面試，但是我有點猶豫，我擔心他不一定歡迎或接受我的意見，一般來說，在對方沒有主動要求的情況下，提出意見是有一定的風險，因對方並不一定會樂意聽取，甚至會引致對方的反感。而且，那時我又不肯定我的做法在別人身上是否同樣奏效，但作為他的好友，我實在希望他能脫離這個困境，於是我還是決定毛遂自薦地給他應付面試的意見。

Mark 樂於接受我的意見，並完全跟隨我給他的指示。很快他在下一次的面試機會有了新的轉機，並成功被取錄了。在這個過程裏，他

重拾信心，使他毅然拒絕了這份不錯的工作 —— 因為他相信自己有能力爭取到更好的工作崗位。果然不出所料，在他下一個申請的工作，就成功地獲取錄，而且薪酬還比之前的那份工作多出一倍，和公司分攤的佣金率也非常高，令他如願以償。

自此之後，我開始向其他朋友傳授我這套「求職法術」。後來，我代表高盛向中國內地四大學府（北大、清華、復旦、交大）的學生分享培訓求職的技巧，之後我更毅然結束了我的企業生涯，開展了我作為企業培訓導師的事業。回想起來，倒是一次年少時的暑期工面試經驗，加上雷曼的倒閉，讓我找到了我的使命！

聽上去真的很不錯，對嗎？多疑的朋友可能會問：「這套技巧方法會有甚麼缺點嗎？」其實這個萬試萬靈的方法需要求職者投入頗多的時間和努力，才能達到它預期的效果。我清楚知道，假若我申請不同的工作都用上同一份資料和同一樣的方式應對面試，我的成功率一定偏低，所以我只會把這些準備工作的精力，投放在真正值得我申報的工作空缺，而不是漁翁撒網地甚麼工作都申請。我的想法是，既然我要花時間來申請一份工作，不如我就盡我所能，以最恰當的方法來取得這份工作。

在這裏我帶出了一個重要的人生哲學，就是遇到要認真看待的問題時，必須全力以赴。假如你和 Mark 一樣，對我的這套技巧方法蠢蠢欲試，那請你不遺餘力地完整地應用它吧，不要怕辛苦！若沒有策略，就等於你在依賴運氣，而運氣本身是不可靠的！所以我希望你能和我一樣，透過努力和策略地智取，一步一步來贏得你想要的成功，這就是 make my own luck（為自己製造運氣）。

善用 DaCAMMS© 方法

我從 2000 年開始把我研發出來的方法教給數千人後，我在香港科技大學 MBA 班上第一次用簡稱 DaCAMMS© 的方法來教課。那課是我在 2009 年離開企業生涯後第一次執教。

DaCAMMS©

Da=Database	資料庫
C=Checklist	清單
A=Analysis	分析
M=Matches & Gaps Analysis	配對與差距
M=Mirroring	影現
S=Story telling	故事敘述

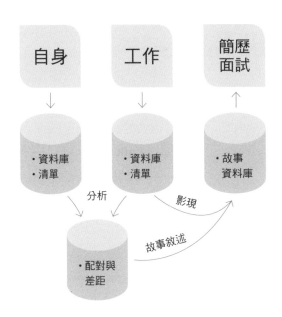

第一步：資料庫（Database）

第一步是了解整個 DaCAMMS© 方法的基礎，投資在這一步的時間和努力，決定了你求職過程裏的成功的機會。

第一部分：調研

利用所有途徑去了解這工作、團隊、機構、行業的一切，及對此職位的要求，包括：

員工個人內在特質

1. 性格 / 特徵（Personality / Characteristics）
2. 態度（Attitude）
3. 行為（Behavior）
4. 興趣（Passion / Interests）
5. 強項（Strengths）

工作、團隊、機構或行業要求

1. 技巧（Skillset）
2. 知識（Knowledge）
3. 工作職責（Job duties）
4. 崗位責任（Responsibilities）
5. 實際差事（Tasks）
6. 以往的（工作）經驗（Prior（Work）Experience）
7. 學歷 / 專業資格的要求（Education / Professional Qualifications）
8. 公司的價值觀 / 敬業精神（Values / Work Ethic）
9. 團隊或機構的企業文化或團隊文化（Culture Fit（team and

organization））

要做到這一步，我需要搜集任何關於這公司和這空缺的資料，包括：

1. **網絡可搜尋到有關公司的背景資料**：公司網站（使命、願景、價值觀、領導層）、新聞稿、財政報告等。請不要忽略關於招聘的分頁，因它內含公司吸引專才的賣點。
2. **新聞**：關於公司本身，或所屬行業和競爭對手的新聞。
3. **內部資訊**：詢問行內的知情者、查看 LinkedIn 或其他網上平台發表過的文獻、相關網上論壇，甚至是在該公司任職的人，並從他們處獲取相關訊息。
4. **這崗位要面對的挑戰和優勝之處。**
5. **公司為這崗位招聘的原因**：這是一個現有職位？前員工出現甚麼情況？如這是一個新工作崗位，加設原因是？
6. **從招聘廣告中抽取訊息**：招聘廣告其實是一個資訊的金礦，但你需要從字裏行間中找出它弦外之音。

當我消化我能搜集到的所有資料之後，我會找一個安靜的地方，利用電腦，把我想到的所有關於這空缺的東西都 Brain dump（意思即在沒有結構規範的情況下，作自由聯想）全盤寫出來，用來編寫我模擬面試官的「內心的審核清單」。

第二部分：面試官的 Brain dump

我中學時有位負責精英英文班的 Mr. Roy Morris 老師，他對英文和教學都非常有熱情。他授課時總會抽出時間，進行這 Brain dump「集思」的練習 —— 在沒有結構規範的情況下，讓大家自由聯想並把大家的想法寫出來。這一步面試官的 Brain dump，有兩個重點：

1. 直接代入面試官的身份，設想你想招聘一個怎樣的人？一個理想的人選是怎麼樣的人，誰才能勝任這工作？
2. 以 Brain dump 的方式，把你代入面試官的身份後，把想到的所有關於這工作崗位的所有東西，都巨細無遺地先寫下來。

這個做法，讓你暫時放下了邏輯判斷、對與錯和精準度，這樣能令你在沒有偏執地不會過早對資料進行過濾，目的是要讓你的資料庫，成為你廣泛而周詳的考慮基礎。你在這一步寫出來的每一樣東西，都是你資料庫關於面試官方面的一個數據點。

第三部分：自己的 Brain dump

是時候把焦點放在你自己身上了。請檢視你的履歷、經驗和教育背景等，把你想到的所有關於自己的東西都 Brain dump 全盤寫出來，思考的過程裏面不要過濾、毫無保留地把自己的特徵、技能等寫出來。你寫的東西應包含以下的所有元素：

我自己的內在特質

1. 性格 / 特徵（Personality / Characteristics）
2. 態度（Attitude）
3. 行為（Behavior）
4. 興趣（Passion / Interests）
5. 強項（Strengths）
6. 公司的價值觀 / 敬業精神（Values / Work Ethic）

我具備的條件

1. 技巧（Skillset）
2. 知識（Knowledge）

3. 學歷 / 專業資格（Education / Professional Qualifications）

4. 以往的（工作）經驗（Prior（Work）Experience）

我適合的工作、團隊、機構或行業的特性

1. 工作職責（Job duties）

2. 崗位責任（Responsibilities）

3. 實際差事（Tasks）

4. 團隊、機構的企業文化、團隊文化（Culture Fit（team and organisation））

　　最好能在編寫完第二部分面試官的 Brain dump 之後不久，便進行這部分的構思，此時你要放下面試官的 Brain dump 資料，只憑着腦海裏殘留着之前匯集的面試官的數據印象，來組織你個人的 Brain dump。你一定不能憑着面試官的每個選項來編寫你個人的數據列表，因為這會啟動了你的邏輯思維，過早對數據進行篩選和對比，減低了數據的客觀性和全面性。

　　當面試官和自己的資料庫都準備就緒，那你就可以進入下一步。

第二步：清單（Checklist）：

　　編寫清單就是把數據變為策略。請你重新戴上面試官的帽子，代入成為她，從面試官清單裏為各選項目排序，成立一個有優先次序的列表，這列表會變成面試官的「內心的審核清單」。

　　其實面試官鮮有一張很清楚明確、並附有優先次序的要求清單來有系統地進行招聘，她們通常只有一份招聘廣告，它就是她們的資料

庫。資料庫和清單的分別在於資料庫只有不同的選項，沒有優先次序之分。而這優先次序正是你求職策略的重點，是你真正需要一擊即中的目標。如果你在這一步做得好，你可能比面試官自己更了解她的內心期望，因為她的「內心的審核清單」往往是埋藏在她的潛意識裏。

第一部分：編寫清單

回到你的資料庫，把每個選項都衡量一下，把它逐一歸類為：

1. 必需的條件（Must Have）
2. 最好要有的條件（Nice to Have）

有一次我為高盛香港交易部其中一個團隊進行招聘工作，我向該團隊查詢他們覺得新員工應該具備甚麼入職條件呢？他們説希望能找到一個有本地語言能力的新人，能操廣東話或普通話。這項要求並無不妥，他的整個團隊都是以英語為母語的白人男性，我也很支持公司人事方面的多元化和本地化，但心裏總覺得中文能力這一點並不是交易員的必需技能，當我進一步向他確認是不是只考慮能説中文的應徵者，那負責招聘的同事還振振有詞地説那是理所當然的事，明確指示我篩選時可剔除所有沒有中文能力的應聘者。

但在進行招聘的過程裏，他突然給我一位應徵者的履歷，説主管介紹，要求我把他加進考慮之列，並安排第一輪的面試。我細讀他的履歷表，他很明顯缺乏中文或其他英語以外的外語能力，但主管説已經接觸過他，覺得他非常合適，所以也想讓他進行面試，聽聽其他同事對他的評價。

我煞有介事地跟你説這個故事，而你讀到這裏，可能已經估算到那次篩選的結果，這位只能夠説英語的應聘者，順利地取得了那份工作。以我所知，他至今仍在該團隊裏任職，事實證明，那次招聘成功地為公司找到了一個好員工。

箇中原由是怎樣的呢？其實那位主管是真心希望能藉着這個空缺的機會，找到一位本地人才加入他的團隊，令團隊更多元化，但是他們沒有一個堅實的原因去堅持這想法。當時交易部的客戶對象，都是清一色的白種人，一般公司都傾向於招聘與客戶有共同的文化語言背景的前線員工，因為這樣的員工會更勝任於與客戶溝通，了解客戶的需要，和與客戶建立良好的互信關係，所以這個部門當初在招聘時對本地語言能力的要求，其實不是勝任這工作的真正必需要的條件，那只是一個理想化的意向或意願，一個 Nice to Have 的選項。

必要條件的意思，是指一定必需的東西，一個 Must Have，而願望只不過是一個最好擁有的東西，一個 Nice to Have。

其實很多面試官都沒有細想這兩者的分別。她們腦海中只有招聘廣告上已列出的要求。正如約會一樣，她們要見到一個應聘者，才分辨出自己對不同要求的優先次序。這種喜惡的選擇很多時是隱藏在面試官的潛意識裏的，所以我把它稱為「內心的審核清單」。

你接下來的差事，就是要編寫這個有優先次序之分的面試官的「內心的審核清單」。讓你在寫履歷表和面試時，能有策略地展現或強調自己具備符合她們要求的選項。

Must Have 的清單，是入職者執行工作必須具備的條件，一個人倘若沒有這清單上的條件，則不能做好這崗位的主要工作。

那 Nice to Have 的清單，意義上是一個願望清單，入職者擁有這

清單上的條件會更好，但一個人倘若沒有這清單上的條件，也能勝任這工作。每一個面試官都知道世界上沒有十全十美的應徵者，能具備她 Must Have 和 Nice to Have 清單內列出的所有條件。儘管如此，她們依然會盼望能遇到一個完美的求職者，正如大家都希望能找到一份完美的工作或一位完美的伴侶一樣。

第二部分：在清單上定出優先次序

下一步是在 Must Have 和 Nice to Have 這兩份清單上，再各自把裏面的選項，釐定優先次序，這清單才算完成。你要對每個清單上每個元素，盡你可能逐一決定它們的優先排位。頭 10 名的是一些甚麼條件呢？最後的 10 名又是哪些特徵元素呢？不同選項之間優先次序相互對比是怎樣的呢？這是一個艱巨的過程，但你在這方面的努力會得到回報，因為這個面試官的「內心的審核清單」是對你制定如何對答面試官的提問策略，至為重要。

第三步：分析（Analysis）

現在你知道面試官要求些甚麼和甚麼對她來說是較重要，是時候回到你自己的資料庫。試比較一下你自己的資料庫和面試官的「內心的審核清單」，看看你和這工作崗位是否匹配。當你對自己與面試官的「內心的審核清單」匹配的程度有一定的掌握，你就可以踏進下一步。

第四步：配對與差距（Matches & Gaps）

明白了自己與面試官的「內心的審核清單」之間，有哪個選項是配對吻合的，有哪個選項存在差距。是時候提升你的分析，你要細問自己以下問題：

1. 你有多吻合 Must Have 這份清單上的每個項目？
2. 你有多吻合 Nice to Have 這份清單上的每個項目？
3. 主要差異在哪裏？

這裏涉及很個人的問題，你和 Must Have 清單上的差異愈多，或差異的地方優先次序愈高，不但你面試成功的機會愈低，而且你適合這份工作的程度也愈低。你愈不吻合 Must Have 清單，你就愈需要在面試上迴避問題，蒙混過關，就算最後得到這份工作，你也可能心有餘而力不足，所以，你需要對自己非常坦白，不要被主觀意願蒙蔽。

在進行差異分析的這一步，其實你也在幫自己解答 3 個問題：

1. 你到底是不是真的適合這份工作？
2. 你能不能夠勝任這份工作？
3. 你在面試時和在任職時，彌合這些差別的可能性，及可以彌補的程度？

關於對 Must Have 清單上的差異，你要好好考慮以下幾個延伸問題：

1. 你能否透過學習、培訓等途徑，在一個合理的時間內縮小或彌合這些差異？
2. 你有多大的理由和興趣，和你能否安心去投放資源和努力去縮小或彌合這些差異？

3. 看到 Must Have 清單上的項目，你是否真的喜歡這類型工作？

4. 在工作上表現出類拔萃，對你來說有多重要？

5. 你能否漸漸克服現存出現差異的地方，進而勝任這工作並能做得出色？

關於對 Nice to Have 這份清單上的差異，你則要考慮以下延伸問題：

1. 這工作需要的技巧和表現，要到達哪個水平？最低要求是甚麼？

2. 你能切實地在一個合理的時間內（提升或學習所需技能等）縮小或彌合這些差異，達到最低要求的程度嗎？

3. 如果你在某方面只能達到這工作的最低要求，會如何影響你的事業發展和團隊的整體表現？

4. 如果你在某方面達不到最低要求，會有甚麼影響？

這些問題很可能略為超出了你認知的範圍，令你未必能很完滿地解答，但請你透過調研，坦誠地反思，務必盡量作答。你對以上問題的答案，便成為你這次面試的藍圖。你策略的重點是：

1. 集中在你與 Must Have 清單上吻合的地方，利用 Nice to Have 清單上吻合的地方來支持你的賣點。

2. 減低你與 Must Have 清單上的差異可能做成的顧慮，較次要的是減低你與 Nice to Have 清單上的差異可能做成的顧慮。

我在高盛工作的最後一個崗位，就是負責在大學院校的招募工作。其實出任那工作之前有好一段時間，已有同事推薦我做這份工作，我當時興趣不大。後來，我的主管亦為我的前途着想，勸喻我申請這崗位，但我依然不為所動。終於在主管的推動之下，我不太情願

地申請了轉職到負責大學院校的招聘崗位。既然作出了這個決定接受面試，我也投放最大的努力來準備，否則，假若我只是敷衍馬虎地進行申請的步驟，那又有甚麼意義呢？

在準備的時候，我意識到這工作的核心點，以此來編寫我 Must Have 清單，以下是這份工作需要具備的才能：

1. 後勤統籌工作能力

要籌劃在各院校的招聘日和詳盡的面試時間表（我們把給學生進行面試的日子稱為 Superday），所以組織能力和注意具體細節的能力都在 Must Have 清單上。雖然那時我並沒有處理過大學院校的招聘，但我曾經作為人事部的內部客戶，曾與人事部同事一起進行院校招聘工作，所以我能證明我擁有所需的經驗和技能可以應用在這崗位上。

2. 對業務或職位的知識

這崗位需要我對業務有一定的認識，理解的程度至少要足夠能讓我明白各業務部門需要怎樣的人才，我也需要協助面試官們編寫招聘廣告，和為應聘學生進行初步的篩選，即我也要充當其中一位面試官參與面試。我對公司各業務部門的認識愈深，我做這工作就愈能得心應手。這一個 Must Have 的選項在關於業務知識方面，我雖然有點欠缺，但我知道我能在一個合理的時間內學習。而關於公司文化和對公司整體的認識方面，因為我已經在公司任職，我能充分的理解和掌握。

3. 人際交往能力

這崗位除了有非常多的協調工作，本身亦是一種服務性的工作，我們與內部客戶（即我會被分派去協助進行招聘的某業務

部門）建立良好的關係，其實也是很重要。與業務部門的同事良好相處，掌握個別專業同事的個性，能令整個招募過程更加順利進行，不管招聘的是全職的員工或只是來作暑期實習的短期員工。

雖然我和很多業務部門的同事並不熟絡，但我知道這一項其實是我的王牌，有兩個原因：

I. 透過深入理解客戶從而更能服務客戶的實戰經驗，我工作上已飽歷這方面的磨練。那時我的職能，是包含本部門的招聘，作為人力資源部的內部客戶主要聯繫人，與人力資源部的同事多年來合作無間。院校招聘的職位通常是從公司外聘請專才來擔任的，即從獵頭公司或其他類似機構內從事這類工作多年的人，作為一位在此無甚經驗的內部推薦應聘者，我不能說自己較擅長識別和招攬人才，但我能說我很清楚「客戶」的要求，甚至比那些從事這方面工作的同事了解得更透徹，因為我就是那個「客戶」。而那些來應徵的外來者，通常在招募工作方面具備豐富經驗，但他們少有業務部門的工作經驗，即從未當過「客戶」。我擁有曾作為「客戶」的經驗，我能聲稱我比他們一般的應聘者更了解客戶的看法和需求，更能完整妥善地服務客戶。

II. 是針對這職位，雖然我沒有和內部客戶建立任何連繫，但是我在原有的崗位裏，我在不同部門裏都建立了良好的人脈，讓我工作事半功倍。這足以證明我有優勝的人際交往能力，能建立與客戶的良好的人際網路，並在人力資源部裏與同事合作無間，做好院校招聘的工作。

接着便要精準地編寫 Nice to Have 的清單：

1. 市場知識

院校招聘工作所需的市場知識，主要是要對不同的院校瞭如指掌，並認識各院校培育出來的學生的不同特質和優勢，與各院校的就業服務中心擁有良好夥伴關係。這方面我未能帶來甚麼，但要掌握到這些市場訊息和建立夥伴關係本身並不困難，更可況這些院校都很歡迎高盛向他們的學生進行招聘，所以這一點其實是 Nice to Have 的技能，而不是 Must Have 的選項。

2. 公開演說

從事院校招募工作時，需要在各院校開辦招聘活動，推廣公司和促進公司的品牌，並鼓勵學生們申請公司的空缺使他們收到我們和其他企業給他們的聘書的時候，最終選擇我們，這些工作都需要任職這崗位的同事作公開演說。這內裏有個玄機，就是其實需要面對很多人講話的情況是有限的，很多時都只需要介紹一下在職的舊生、高級的專業同事、主管或高層，由他們接下來介紹公司和部門的業務，所以公開演說雖然是工作的一部分，但只是一個較小的環節。

3. 作為面試官的面試技巧

所指的是進行一個專業化的面試和分別出優秀應徵者的能力。院校招聘的主要工作是協助內部客戶部門釐定招募的策略，安排並協助招聘的各項活動，最終促進對合適的應聘者聘用，執行具體的取錄工作，填補公司的空缺。大部分的面試工作都由業務部門的同事進行，所以作為面試官的面試技巧只是 Nice to Have 的技能，而不是 Must Have 的選項。儘管和應徵者進行面試不是我當時的核心的工作，但我在高盛的職業生涯，從一

開始便有參與招募工作。我曾參與並協助安排過無數次的招募活動，也參與篩選應徵者的討論。有一次我還在 3 天之內，進行過百人的電話面試 —— 這是一個我不想再重複一遍的痛苦經歷。如果這是一個 Must Have 的選項，那我很難與獵頭公司的專業招聘人員比較起來。進行面試的能力只是一個 Nice to Have 的選項。我已經超越了工作要求。

有了這六點，我就可以針對這院校招聘的崗位，把它們仔細分析和整理出我編寫履歷表和應付面試的藍圖：

1. 我最大的賣點，就是 Must Have 的 3 個選項，即後勤統籌工作、人際交往能力和對業務或崗位的知識。尤其是我「作為客戶對客戶特別了解」的這個特質，以及我作為資深員工對公司企業文化清楚明瞭，能讓我更能為公司招聘到能配合這個文化的求職者。相對於那些典型的求職者，我有對業務崗位的知識的這個獨特優勢。

2. 我和最理想人選之間的最大差距是市場知識，一個 Nice to Have 的選項。幸運地這是一個我在開始這工作後能容易彌補的差距。

第五步：影現（Mirroring）

在求職和面試中，善用招聘廣告裏和公司網站內的業界專有名詞和關鍵字，是一個向面試官有效地推銷自己的辦法，所以你要在附信、履歷表和面試時多用上這些詞彙，提高你取得面試和聘書的機會。為甚麼呢？

原因有兩個。第一，人的天性是比較喜歡和信任與自己近似的人，所以當你溝通方式和她們相近，用上她們的語言和業界的專有名詞，這樣會令面試官潛意識裏由一個「我對你」的對立立場轉移為一個「我共你」或「我們」的立場。這個轉移是重要的，因為這等同在本質上，你引導面試官把你想像為一位合適公司和這工作的同僚，一位跟她們是「同一伙」並可以信任的同伴。

第二個原因是，當你特意地運用着招聘廣告的語言的時候，你讓面試官很容易地看到你和她的內心清單非常吻合。她不需對你每個答案估算着它是否配對她的要求，你用上她清單上的語言就可以免除了她這估算的工作。

第六步：故事敘述（Storytelling）

現在你有編寫履歷表和應付面試的知識了，懂得如何推銷你自己的賣點，就讓我與你分享一個最強、最有效，卻又最簡單的方式來展示你的獨特賣點，命中面試官的「內心的審核清單」！那就是 DaCAMMS© 裏的 S ——「故事敘述」（Story Telling）。

最後的準備功夫，在於準備好你的「故事庫」，也是説，每一項面試官清單上的要求，你都要有相應的故事來展示你是符合她的要求。用「説故事」這個策略有甚麼好處呢？怎麼準備一個好故事呢？我們一起看 Lesson4「講故事的妙用」。

•• Lesson 4 ••
講故事的妙用

事實和數據往往是沉悶，
故事才是令人心悅誠服的勸說。

　　人類天生就喜歡聽故事。從孩提時期，我們便不斷從故事中認識這個神秘又時而可怕的世界，並學習分辨對錯，預測每個舉動可能帶來的後果。我的母親總愛和我們說《狼來了》的故事，以它來教導我們誠實的重要。多年後的今天，她身處於遠在太平洋的彼岸，也利用 FaceTime 和我兩個孩子說着同樣的故事。在文字出現之前，這個口傳故事的傳統，讓我們的遠祖透過語言，把祖先的智慧和教誨傳承過來。說故事其實是人類用來影響和感化他人最根本、最原始、最古老的工具。

在面試時說故事

　　請你回憶一下你最喜歡的老師或演講者，他們憑甚麼令你印象如此深刻呢？在現今的社會，我們在嘗試專業而邏輯地解說我們的理據

時，往往把重點放在事實和數據，並依賴它們據理力爭。事實和數據當然能助我們立論的可信性，但它們不會像說故事般令人眼前一亮，提起興趣，或帶來愉快的感覺。事實和數據往往是沉悶的，它們能完美地支持我們的理據，但它們不是道理的主體，邏輯不足的地方，就是我們根本是感性的動物，有着不同的偏愛和傾向，在潛意識裏我們做着感情主導的決定，卻同時嘗試用邏輯和理性來包裝及支持我們的想法，所以只利用邏輯來說服人的情緒是行不通的，我們需要用情緒的技巧來應對或引導情緒上的取捨，而故事就是最有效的媒介。說故事令我們的理據從沉悶枯燥的道理，變為微妙但極有效的說辭。

到了這裏，你也估計到我會告訴你下一步是甚麼 —— 在面試時說故事。不單是這樣，最理想的情況就是你能在面試的過程裏接二連三地說出你的故事，在每一條提問，都利用合適的故事來作答。

幾年前當我弟弟申請一份銷售的工作的時候，他知道我有些應付面試的靈丹妙藥，於是出奇地他主動來找我請教一下（通常弟弟都不愛聽姊姊的話！）。我研究過他的履歷表之後，他明顯缺乏銷售的經驗，但銷售的技巧是這份工作 Must Have 清單上的一個選項。正如我輔導其他客戶一樣，我引導他尋找他在過去經驗裏能展現出銷售技巧的東西，來引證他其實也擁有 Must Have 清單上的這個選項。最終他向我分享了一個連母親都不知道的童年故事（媽媽，您有心理準備聽我們這些秘密嗎？）。

我難以形容媽媽在我們年幼時有多忙碌，作為一個新移民到加拿大的母親，在陌生的國家撫養兩個孩子，她真的夜以繼日地工作，她不斷地打工、做家務、煮食、清潔，所以我對她厭惡做飯這一點非常體諒，她幾乎在每次煮東西時也毫不留情地說出她心裏的怨言。

那時同學們的午飯，普遍都是由家裏準備好的，我們沒有香港孩

子們那些豐富花巧的飯盒，在加拿大，一般的學生都是吃三文治作午飯。我長期疲累的媽媽除了厭惡做飯之外，更有一個每天吃同一樣食物的習慣。

到底是因為對做飯的厭惡，還是因為她每天吃同一款食物的習慣，抑或只是太忙碌，驅使她在我和弟弟上學的每一天都吃着她做的一模一樣的三文治？加拿大的小學是幼稚園到 7 年級，所以這些年來我和弟弟的午餐每天都是這樣的三文治：由兩塊麵包、一片火腿、一片芝士和一些果醬組成。你能否想像這樣的三文治在飯盒裏待了 3 小時以上，果醬滲出的水份濕潤了整份三文治之後，我們拿出來吃時那慘不忍睹的樣子呢？

我一直以為弟弟在午飯的事情上跟我遭遇着同一命運，直到那天他告訴我這個故事。那時剛有第一批從香港來的移民，他就想到一個主意，就是把這麼難吃的三文治以加幣 5 元的價錢賣給一位新來的香港同學，連他自己也不完全理解為何那位同學會願意用加幣 5 元來買那些濕軟的火腿芝士三文治，但他樂於不吃午餐和享有這份豐厚的收入。這是一個能證明他有銷售能力這份天資的好故事。（說真的，現在就算你給我加幣 5 元，我也不會願意吃那三文治，實在是很難相信有人會用真金白銀來買。）

無論你要證明或彰顯你清單上的東西，述說一個貼切的故事吧。故事不但是一件簡單而有效的溝通和影響別人的工具，在面試的時候，它更有很多重要的優點：以下讓我和你分享一些重點：

1. **信任和喜歡度**：人們總愛聘用一些他們信任和喜歡的人，而信任和喜歡一個人的前提，通常都需要透過對那人一些比較個人的事情有所了解。當你藉着說故事來講述你的經歷的時候，你同時把這個對話個人化了。你的故事需要包含以下 3 點：

I. **你的感受**：請提供你的情緒線索，就算是你脆弱的一面，也可以適當地説出來。這有助於令你和面試官的交流變得人性化。

II. **你對某情景作出的行為或反應**：為你的道德感、價值觀、信念和個人特點作出例證。當這些概念和公司的價值觀和這崗位需要的信念相符，你就等同間接地告訴面試官你如何在價值觀的層次上合適這機構。當這些價值觀跟面試官自己的價值觀相符時，她會更欣賞你。隨着你進一步這樣揭示你自己，面試官對你的認識也愈來愈深入，進而認識這個真正的你。這樣會產生一個光環效應，令她更相信你在面試時説的一切。

III. **細節**：因為真實故事的一個特質，就是充滿很多細節，在你説出真實的故事時，透過分享適當程度的細節，會更令人信任，而面試官更自然地相信你從故事裏帶出的訊息。如果你想説你擅長排解紛爭，那麼，你可以説一個真實的排解紛爭的經驗個案，這個故事便成為你擅長排解紛爭的理據，這個説法遠較你單純地説自己擅長排解紛爭更有可信性。

2. **有趣和難忘**：資料是沉悶的，故事則有趣得多。

I. 當我們聽故事的時候，我們會一直留心到最後，因為我們很想知道故事會怎樣發展，和它的前因後果。面試官也是人，她們也會感到疲憊和厭倦，也會偶爾失去集中精神的能力。以説故事的方式，你更有機會抓緊和維持着她對你的注意。

II. 你個人的經歷，是獨一無二只屬於你的故事。面試官通

常都在同一天接見很多應聘者，問着類似的問題，通常也重複地聽到千篇一律的答案。說一個關於你自己的獨特故事，一段只有你才能說出來，關於你自己的親身經歷，能令你有別於其他應聘者，在面試官心裏留下深刻的印象，更讓面試官能記得你。面試官要篩選很多份申請，所以讓她更能記得你這點很重要。

3. **容易記牢**：除非你能過目不忘，否則，故事遠比事實和數據易於記憶。在面試時腦子已有很多東西要分析處理，愈減低腦袋的不必要的認知負荷（cognitive load），你的表現就愈見出色。不要在面試前寫下並背誦要說的對白或腳本，它會令你顯得不自然，你更有機會在面試期間突然忘記了對白，尷尬地不懂回應。請分享真實經歷，因為你會很自然地記得細節。你只要牢記一些故事的重點，能支持你給面試官的訊息，集中她的注意力在你想她注意的重點，便能符合她清單上的選項。

4. **彈性**：你不用局限於工作方面的故事來說明你如何適合一份新工作，雖然焦點還應該放在工作方面的例證，但你也可引用生活上其他體驗或經歷。如果你想不到一個好的工作上的故事，就可以像我弟弟簡述他銷售三文治的故事，不妨想想你個人生活的經驗裏，有沒有合適的經歷。你只要小心一點，就是你透露個人的私隱時，要考慮在一個面試的場合是否恰當。

那你準備好編排敘述你的故事嗎？

有經驗的面試官，會用一個名叫「STAR」的經典面試技巧，來進行「行為面試」的提問。你也可以倒過來利用它來組織你的故事，回應那些行為上的問題。

STAR = 情境（Situation）＋ 差事（Task）＋ 行動（Action）＋ 結果（Result）

1. **情境**：故事的背景是怎樣的？請描述當時的處境或事件，和你要面對的難關。
2. **差事**：你當時希望達到的目的，或要完成的事情。
3. **行動**：你當時嘗試透過甚麼行動來達到你期望的目的，或你做甚麼來完成你的差事？
4. **結果**：你的舉措帶來的效果，也即是你故事的結局。

我們就以我弟弟的故事作為例子，看看如何運用 STAR 的技巧吧。

1. **情境**：我媽媽討厭做飯，所以小學時每天給我們一模一樣而十分難吃的三文治。
2. **差事**：我弟弟要找一個處理這些三文治和賺多些零用錢的好辦法。
3. **行動**：他成功找到一位買家，願意每天用 5 元加幣買媽媽為他準備的三文治。
4. **結果**：他憑藉天生的銷售本領，賺到可觀的收入。

以下是另一個例子：

面試官給我的提問：「請你在過往的工作經歷裏面，給我一個能顯示你領導才能的實例。」

也許最好的實例是我被委派負責為高盛印度班加羅爾辦公室在中國招募 12 位學生的任務（班加羅爾英文原名為 Bangalore，近年來成為印度資訊科技的中心，俗稱「印度的矽谷」）。這個任務幾近不可能，因為那時在印度班加羅爾一般的薪酬水平低於中國，而班加羅爾當時也不是一處中國畢業生有興趣去的地方，而且公司給我這任務的時間也在一般企業招募季節之後，意即水準高的學生那時已找到工作。負責中國業務的人事部同事沒有餘暇進行這工作，所以這次招聘便成為我負責的項目。

我首先探索到一些公司沒有接觸過的較好的院校，跟着我便像個二手車銷售員一樣，對這些院校進行 cold call，硬銷他們和我們合作的好處。剛巧公司新招聘的學生有些還在大學，我便指示他們幫忙與這些院校的職業發展中心合作，對應聘者進行初步篩選。

另一方面，我也對高盛在印度班加羅爾辦公室的高層進行遊說，說服他們提高新生的入職待遇。到最後我成功地為那 12 個空缺招募了11 位新生，而第 12 位學生，因為他的未婚妻未能在班加羅爾找到工作，才最後選擇不來印度工作。

讓我用 STAR 的技巧來分析一下這個故事應該如何陳述：

1. **情境**：公司當年的想法，就是讓印度班加羅爾辦公室先培訓一批從中國聘請的新入職員工，一年後讓他們回到在中國的公司發展。這是個相當不可能的任務，因為在印度一般的薪酬水平低於中國，而班加羅爾當時也不是一處中國畢業生有興趣去的

地方；招聘的時間點也不理想，當時是在一般企業招募季節之後，水準高的學生那時已找到工作。然而，負責中國業務的人事部同事沒有餘暇進行這工作，所以這次招聘便成為我負責的項目。

- 這些資料都很重要，讓面試官理解項目的難度，從而領略到你過人的能耐。

2. **差事**：我被委派負責為高盛印度班加羅爾辦公室從中國招募 12 位學生。

- 讓面試官理解你當時要達成的目標。

3. **行動**：我首先到一些公司沒有接觸過而水平不錯的院校，然後我便像個二手車銷售員一樣，對這些院校進行 cold call，硬銷他們和我們合作的好處。剛巧公司新招聘的學生有些還在唸大學，我便指示他們幫忙與這些院校的職業發展中心合作，對應聘者進行初步篩選。另一方面，我也對高盛在印度班加羅爾辦公室的高層進行遊說，説服他們提高新生的入職待遇。

- 讓面試官明瞭你每個對應的舉措和它們背後的原因，這些細節很重要，它們活化了這故事，讓它顯得更真實。也是這些細節證明給面試官你是一個有邏輯性及策略性的人，並具備很強的領導、溝通、説服他人能力的人。透過這些細節，你證明了自己擁有符合面試官清單上的選項。

4. **結果**：我成功地為那 12 個空缺招募了 11 位新生，而第 12 位學生，因為他的未婚妻未能在班加羅爾找到工作，才最後選擇不來印度工作。

- 告訴面試官整件事的最後結果，讓面試官能理解行動背後的背景和情況，而解釋的理由非常合理，這些細節會讓面試官對我的故事有更深刻的印象。

我想在這裏強調，在你的描述裏絕對要提供事情的背景情況。倘若她不知道你在每個情境、行動、差事和結果背後的因由和挑戰，她不會明白你有多能幹、聰慧、厲害、堅持才達到你的成果。

就正如我弟弟的三文治故事裏，正因為它發生在他小學時期，正因那些三文治是如此難吃，正因那加幣 5 元的天價，這些訊息都為他銷售成功的結果提供一個完整的背景，展現出他當時克服了龐大的挑戰而取得成功。如果他在描述這個故事的時候，只提到他不吃午餐而把三文治賣了給同學來賺取多些零用錢，這故事一定不會那麼震撼。

所以你要做的是，針對面試官的欲求和憂慮，事先準備一系列的故事，在對應她某個欲求和憂慮之餘，也帶出你和她清單上其他吻合的地方。

如何知道這份工作
是不是真的合適我？

由衷地問問自己，
你是否喜歡這份新工作。

到了這裏，你也應該對能否成功取得某份工作的機率心裏有數，其實除了面試技巧外，你也需要思考兩件事情，就是你能否在這份工作有出色的表現，和你是否喜歡這份工作。

現在你已能好好掌握到面試官要求和關注的是甚麼，是時候把注意力放在你自己身上。有些人覺得這樣有系統有策略地準備面試，便不能展露真正的自己，事實正好相反。情緒智能就是關於你如何了解自己和明白對方，明瞭他人是如何看待你，並把這些認知轉化為製造正面互動的契機。這就是職場智能的 3 個「I」：影響（Influence）、效果（Impact）、啟發（Inspiration）。這三點都是建築在真確性（Authenticity）和自信（Confidence）之上。

請你再重新審視面試官的 Must Have 清單和 Nice to Have 清單，細想這職位的本質、差事和責任。你到底有多喜歡這工作？假若這公

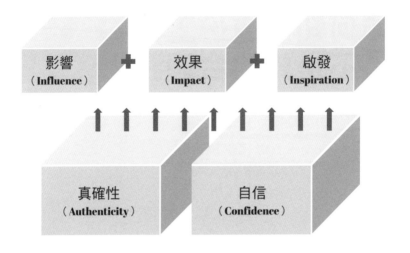

司真的給你一紙聘書，你會否很樂意地接受？

　　我任職高盛的時侯，曾申請合規部的空缺。合規部的工作是要確保業務循着監管機構所訂立的法規和公司內部的守則來進行，需要對業務有一定認識（程度遠超過進行招聘工作時需要的業務知識）、良好的人際交往能力和溝通能力。在準備好面試前，我發現自己雖然具備勝任這工作的特質，但是，我深明自己不會喜歡這份工作。因為合規部的工作是尋找有別於既定模式的異常數據，和加強了解公司業務，這都不是能讓我喜歡或覺得有意義的元素。這工作不會啟發到我，對我來説這只是一份讓人糊口的工作而已。

　　個人興趣、意義、獲得啟發等這些都是很個人化的概念，對很多人的事業考慮來説，可能不是很重要。我非常尊重合規部的同僚，我也有好友在那部門任職，而他們在這麼重要的崗位也做得出色和很有得着。只是對我個人來説，這崗位和我的志趣並不吻合。

到最後我還是繼續申請合規部工作，因為那時我實在應該為了前途而轉變一下工作。接着我遇到的難題是，我如何對一份我不太渴望的工作真誠地表現出一定程度的熱情？所以我集中思考為何這崗位對我的事業發展過程來說是理想的下一站（這是合情合理的），和我的技能如何能讓我能勝任這工作（這也是真確的）。我慶幸的是透過我的準備工夫，我清楚明白倘若我接受了這份工作，我也要接受這工作帶來的一切好和壞處。

　　能令我有這樣清晰明徹的認知，是因為我對自己的清單掌握得很清楚，我知道哪個選項才是自己的優先考慮。影響我們內心優先次序的因素有很多，從我多年輔導求職者的經驗看來，正如面試官們不了解自己內心清單上有甚麼東西，很多求職者關於自己的清單，也沒有一個清晰的認知。先清楚了解你到底有多喜歡或適合你準備申報的工作，它可以幫助你釐清眾多工作機會中，到底哪份空缺才值得你投入時間和精力，尤其是當這些工作機會進一步變為聘書（Job offer）的性格的時候，你要有這樣的認知才能作出正確的取捨。

　　無論是在找工作，或是在思考要如何進一步發展你的事業，很自然地，你的性格、你的優先考慮、你的價值觀、你喜歡做的事情等等，都和面試官的清單同樣重要。對準備申請的工作空缺是否適合你自己有了清晰的了解，你便可以對自己的事業發展有意識地選擇，而不是莽下決定而導致將來有所後悔。所以現在是時候把關於你自己在不同方面的東西，思考它們的優先次序。

　　正如我們編寫了面試官清單一樣，你可以編寫關於自己的清單。當我和客戶進行單獨輔導時，協助他編寫自己的事業清單這一步非常重要。請你把在「第一步：資料庫（Database）」的工作中「第三部分：自己的 Brain dump」所編寫過的選項加以整理，釐清你的優先次序。

你在選擇新工作的時候，你的首 5 項選項是甚麼呢？為這 5 個選項釐定優先次序，你要自問：

- 你的 Must Have 清單和 Nice to Have 清單是甚麼呢？
- 有沒有甚麼東西你很拿手但你不太喜歡？
- 有甚麼差事你做得既出色又享受？

這些都是很個人的問題，每人有每人獨特的答案，沒有誰對誰錯。

你可以為自己編寫首 8 項或首 10 項清單等等，有時我和一些客戶都會不自覺編寫超過 5 項選項的清單，項目多少並不要緊，關鍵是這清單要簡短，讓你易於使用，但又要有足夠的內容，涵蓋你關心的選項。它不是用來描述你最理想的工作，而是用來反思對你來說甚麼是重要的事情，所以最好能有些 Must Have 和一些 Nice to Have 的選項，例如：

上列的選項並非詳盡無遺，每人的優先選擇會隨着每人不同的人生歷練、面臨處境等而各不一樣，所以並沒有對或錯的選項。對我來說，慶幸地我沒有成為股票部的銷售員，因為我還是比較更喜歡以啟發別人和幫助別人作為我的事業。對我來說，這比作為股票銷售員更有意義，而「有意義」對我來說是個重要的選項，儘管作為投資銀行的前線工作人員很可能會賺更多錢。甚麼是有意義，甚麼是重要，對每個人來說都不一樣，所以你要為自己找出最重要的選項。

在我的輔導工作裏，我接觸過很多人對自己的職業生涯和選擇並不滿意，工作時一點也不開心，歸根究底，他們在這方面並沒有對自己有很透徹的了解。他們聚焦在現時欠缺的東西，希望魚與熊掌都能兼得。譬如說以我的情況作為例子：

作為企管導師及高管教練的好處：

1. 從工作上可以幫助別人，從而找到我的人生意義。
2. 受聘於自己，讓我工作上有很大的自由度和自主度。

在企業裏發展事業的好處：

1. 有可預期和穩定的收入
2. 企業提供的其他福利（有薪假期、病假、產假、退休金等）

我可以選擇受僱於自己，而惋惜失去在公司裏能享受的福利。我也可以選擇回到大機構裏工作，而慨嘆我失去了工作的自由和意義。也許我可以認清自己 Must Have 和 Nice to Have 清單上的選項，並基於它們對我來說的優先次序，在我事業發展甚乎是人生的交叉點，作出有意識而無悔的決定。

如你所見，前兩個項目和最後兩個項目通常不能並存。所有選擇都以組合形式呈現，在進行取捨的時候，你要衡量哪個組合是最適合你，令你最滿意快樂，其中你要接受包容這組合裏的一切。如果你希望找到一個組合，裏面全都是你想要得到的選項，那麼你多數要失望了，因為這個組合未必存在。

　　對我來說，工作意義和自由這兩個選項的排位，比穩定收入和公司福利較高，這並不是說穩定收入和公司福利對我來說不重要，只是它們沒有和工作意義、自由有同等的重要性。我作了這個取捨，餘下的便是找出一個成功的方法，讓我彌補沒有穩定收入和公司福利的不足。換句話說，我選擇了令我最快樂的方式來發展我的事業，另外我需要想辦法處理這組合帶來的其他情況。

　　這杯水是半滿還是半空？我作了我的選擇，你又會如何取捨呢？

CHAPTER

2

如何編寫能贏取面試機會的履歷表和附信

•• Lesson 6 ••
認清目標，
制定策略

 履歷表和面試
各有各的目標。

Steve Schechter   ⋯

IT Director / Program Manager / IT Operations Managerment / Service Delivery Managerment

竟然有這麼多人不願意花時間為所申報的工作，度身訂做一份合適的履歷表，真的令我感到很意外。如果他們是認真想得到這工作機會的話，為何會做不到呢？最近我在招聘具備 AWS 和 RHEL 經驗的人，我卻收到很多的申請，一開始就描述他如何掌握到 VMWare 或 Cisco 的技術。眾人啊！你也要幫幫我讓我容易幫助你！多花兩分鐘的心思，細想一下你申請的工作要求，讓我看到你真的在乎這個職位空缺吧！

👍 Like   💬 Comment   ➦ share

節錄自 Steve Schechter 先生，一名資深的 IT Director 在 LinkedIn 網站內帖文的翻譯。

「先定目標而後行動（Begin with the end in mind）」，這是暢銷書《高效人士的七個習慣》（Stephen Covey, *7 Habits of Highly Effective People*）裏的第二個習慣。

多年來，很多朋友都向我請教，為何他們的求職信都石沉大海，音訊全無？比較普遍的有這些提問：

1.「我寄出超過 100 封履歷表，幾乎全無回覆。」
2.「請看看我的履歷表（我看過後心知不妙），為何都沒能得到回覆呢？」
3.「請看看我的履歷表（我看過覺得寫得很好），為何都沒有回覆呢？」

每一個個案都有它不能爭取到面試機會的個別原因，而我留意到它們都有些共同的缺失，就是沒有好好釐清在求職過程裏，遞交履歷表和面試這兩個步驟，其實各自有不同目的。

無論我們做甚麼事情，最好先確立一個明確的原因和目標。不知為何，很多人在編寫和呈交履歷表和求職附信的時候，偏偏沒有一個具體和精確的目標。有了一個清晰的目標，你才能在編寫履歷表時作出較策略性的取捨，幫助你達到目的。有了清晰的目標，才能清楚明白地制定致勝策略。

那麼，履歷表和面試的用途和目標有甚麼分別？我多年來做培訓的時候都會經常問學生這個問題，而很多時學生們都未必能夠説出兩者的分別。

—— 履 歷 表 和 面 試 的 分 別 ——

履歷表 爭取面試的機會	面試 得到工作的機會

我想很清楚地跟你說明：履歷表是不能幫你爭取到一份工作。你想想，怎會有人只憑着一份履歷表，來決定聘用一位陌生人呢？一個僱主看了履歷表就能決定聘用你的機會實在很渺茫。履歷表的用途，其實是為你爭取一個面試的機會。

在第一次約會時，人們通常會做甚麼事情呢？假設你是希望能留下一個良好的印象，並讓對方提起再次約會的興趣，你應該不會在第一次約會便跟對方交代身世吧。你會策略地選擇甚麼事情你會好好展示，甚麼事情你只會輕輕帶過，把你最好的一面展露出來，希望讓她對你有興趣，能有下一次的約會，從而進一步了解你。

你應當在履歷表上放上足夠的資訊，讓面試官對你提起興趣邀請你來面試，從而更進一步了解你。要謹記，履歷表不是一個全盤托出，把關於你做的所有事情細節全面記錄的地方。

—— 試金石 ——

寫下每一項關於自己的資訊時，要問問自己，這些資料是否能引起面試官對你的興趣？抑或你透露得太多，而某些資料更適合在面試的場合說明呢？

•• Lesson 7 ••

成功在於
通過把關者的龍門

求職申請數之不盡，你的目標是
—— 提高你被 screen IN 的機會！

了解把關者的思維和內心
↵

我們已確立了履歷表的作用是贏取面試的機會，但箇中原委是怎樣的呢？無論面試前有多少人會看到你的履歷表，始終有一個關鍵性的人物 —— 把關者。

把關者是你的履歷表在公司裏第一個接觸點，就算僱主有一個網上自動化的篩選系統，公司裏都會有一位負責人，根據某些特定條件對眾多求職者中進行篩選。她執行着這份不受歡迎而又沉重艱巨的差事，從成百上千的履歷表裏釐定面試者的名單，或篩選出哪些履歷表能進入下一輪的篩選。

把關者通常是人事部的同事，在規模較小的公司裏，她則可能是一位秘書或助理。當然總有例外，譬如在我創立的肌膚護理產品公司

裏，作為老闆的我會親自審視每份求職者的申請，和下屬商討過後，交由助理為個別的求職者安排面試。

要通過這一重考驗，你必須要在設計履歷表時以把關者為本。她是以怎樣的思維模式和策略來進行篩選呢？在進行篩選的過程裏，她有甚麼顧慮和期望呢？她通常以怎樣的心情來處理眾多的求職申請呢？你需要對把關者進行心理分析來釐定對策。

以前我在高盛執行院校招聘工作的時候，每次處理一批空缺的入職申請時，我通常都需要一次過審閱超過 3,000 份履歷表。我會先把它們全都打印出來，獨自在一間房裏完成這份會用上一整天的差事。這是一份必要而沒有人會喜歡的苦差，偶爾會有富同情心的同事前來幫忙，而我也盡量避免把這工作延誤到翌日才完成，因為如果第二天起床時知道還有大批的履歷表需要審閱，我一定會失去上班的幹勁。

面對這一大疊的文件，我難免會感到煩厭和擔憂。我腦海中的第一件事，就是到底何時才能把這堆積如山的文件，變為可以處理的一小疊呢？我當前的首要目標，就是要在最短的時間內選擇足夠數量的履歷表。

曾擔任一個人肉履歷表篩選器的我可以告訴你，人們在挑出不合格的履歷表的時候，其實沒有很科學化的做法。在進行篩選的一天裏，我的心態大致經歷以下 **3 個階段**：

痛下決心　　內心充滿矛盾　　精疲力竭

1. 痛下決心

這是篩選履歷表工作的第一個階段。我當時充滿精力，努力不懈毫不畏懼地專注於我當下的目標 —— 盡快消化這一大堆的履歷表，果斷地挑出不再考慮的求職者。我的感覺是充滿決心，遇到少許能讓我作為扔掉這履歷表的藉口，我都會毫不猶疑地把它放在準備棄置的那一疊，只為了快點完成這差事，離開這房間並回到平時比較喜愛的工作。比較 3 個階段，此時我看待眾多履歷表的態度，最為冷酷無情。

2. 內心充滿矛盾

隨着時間流走，我的精力開始減退，太多的履歷表彼此之間變得好像沒有太大的分別。於是，我開始懷疑自己的判斷，擔心我有沒有不小心放棄了優秀的求職者，更懷疑我現時的努力，到底有沒有實際意義？因為憑着幾頁紙上的描述，又怎能準確地判斷對方將來的工作表現呢？

在這內心充滿矛盾的階段，我表現得最為寬鬆和猶豫不決。在上階段我覺得不合格的履歷表，在這階段我也可能讓它過關。我感覺在決定求職者的生死，卻完全沒有這資格。在自我懷疑和內疚感的驅使下，我更可能會從已放在準備棄置的那一疊履歷表當中，把令我有點悔意的履歷表抽出來重新閱讀，在此階段，這個反覆思量的過程可能會重複好幾次。

那些發表調研文章，描述人事部如何快速篩選履歷表的人，一定未有一次過審閱 3,000 多份履歷表的經驗。除非一份履歷表差勁得很誇張，否則在這內心充滿矛盾的階段，我對很多履歷表都會不只看幾眼。如果當時有同事在場幫忙，對某些履歷表我更會先徵詢她的意見，才決定是否通過或放棄。所以在很多

講座裏，我都會説明研究結果只能作為參考，不能盲目盡信。因為調研時的環境或安排，有一定的局限，始終和真實世界有點距離。

在這內心充滿矛盾的階段，我也擔心未能挑出足夠的履歷表，我最不願意見到的結果，就是剩下一大堆的履歷表，要再重複這痛苦的篩選過程。隨着我意識到自己的準則變得比較寬鬆，我便擔心負責下一輪篩選的同事，會覺得我的判斷力不足。畢竟，我的責任就是要把真正合適的求職者挑選出來，不要浪費擔當面試官的主管或其他同事的時間。在這階段，有很多互相矛盾的情感令我陷於內心掙扎，過程絲毫不好受。

3. 精疲力竭

這是篩選履歷表的最後階段。疲憊不堪的我，急切地只想快點審批完餘下的履歷表。我已經沒有耐性和精力如上階段般產生這麼多的顧慮，也不會聯想到這差事背後的意義等較深層的哲理問題。這時我最擔心的，只是我有沒有足夠數目的履歷表能進入下一輪的遴選過程。我心裏盤算着黃金比例，就是通常要經過約 10 個面試，才會找到並取錄到 1 個理想的求職者。(這個 10 對 1 的比例是我們以前做院校招聘時用的比例，並不適用於所有職位招聘的。)

在上一章我們確立了履歷表和面試的意義：

—— 從 應 徵 者 的 角 度 ——

履歷表	面試
為了得到面試機會	為了得到聘書

情緒智能的關鍵是要明瞭自己和對方。那對方是怎樣想的呢？面試官在篩選履歷表時的想法，和她們在進行面試時的想法有甚麼不同？

—— 從 面 試 官 的 角 度 ——

履歷表	面試
篩選出要剔走的應徵者 （screen OUT）	篩選出符合條件的應徵者 （screen IN）

總括來說，很多時面試官在篩選履歷表時的策略是剔走較遜色的應徵者，因為求職的申請實在太多了，所以你的策略是要提高你被 screen IN 的機會。我們以前把篩選後的履歷表分成兩疊，一疊叫作「In」，即進入下一輪面試的，一疊叫作「叮」，像綜藝節目裏剔走不合格的參賽者的鐘聲。那你要怎樣編寫你的履歷表來讓它順利進入「In」的一疊呢？下一章自有分曉。

••• Lesson 8 •••
仔細分析招聘廣告

策略就是
迎合把關者的想法和思維。

現在你已明白把關者的想法和思維，那麼你可以怎樣利用這知識，以把關者為本，策略地「設計」你的履歷表？

請留意我刻意用上了「設計」這個字眼，而不是「撰寫」，箇中有其原因。你不能很簡單地就能隨便寫好你的履歷表，你務必先要以把關者為本，有策略地決定你履歷表上應該具備甚麼元素。

篩選履歷表的三個階段

對於把關者「痛下決心」和「精疲力竭」兩個階段：你要確保你的履歷表是完全沒有錯誤，你已經詳細了解把關者的清單，她們想尋找的資訊要一目了然，不用她們多花時間思考。

上文提及，在「內心充滿矛盾」的階段，把關者此時集中精力選擇那些較「安全」的求職者來進入下一輪篩選，意思是她希望往後參與面試的同事和主管，看到她選出來的履歷表和接觸應徵者的時候，

會覺得她做好了本分，不會讓她顯得判斷力有問題。她當前的工作是找到足夠數目的好的求職者來面試。這取捨跟把關者仁慈或刻薄與否根本沒有關係。

基於把關者的這些想法，我們便有以下 3 個關鍵性的考慮：

1. 不要讓面試官費勁思考
2. 成為低風險的求職者
3. 令自己與眾不同

就由「不要讓面試官費勁思考」這點開始分析吧！

再想想上一章說過的情境，面試官正在處理一大堆履歷表，她會細閱每一份履歷表，並小心翼翼又周詳地考慮每位求職者的優劣，從而斷定他們的命運……

不，這只是童話故事裏的情節。實際的情況是，面對一大堆的履歷表，面試官只會「掃視」這些履歷表，而不是閱讀。何謂掃視？意思是她們會很快地看看一份履歷表，不顧細節，只尋找某些令她們眼球停下來的亮點。這是她們初步掌握手上有怎樣的求職者的辦法。

那在這個掃視的過程裏，她們在尋找甚麼呢？她們就是要尋找吻合她內心清單裏的選項。

這就是「不要讓面試官費勁思考」的核心意義，要在眾多履歷表脫穎而出，在芸芸競爭者中勝出，你需要她在掃視你的履歷表時，看到有足夠的、和她內心清單吻合的選項，令她把你的履歷表放進「下一輪篩選」的那一堆。

我那時的做法是，如果我在掃視第一次時，覺得這履歷表跟我的要求頗為接近，我會慢一點掃視第二遍，如果我依然覺得這履歷表

吻合我心目中的要求，我會看第三遍，但只細看履歷表上某部分，才決定是不是讓它進入下一輪的篩選。這不是一個十分科學化的做法，我也有試過掃視一次便覺得它很明顯符合空缺的要求，就馬上決定它合格。

無論你能讓面試官的眼球在你的履歷表上停留多久，最重要的始終是能否進入下一輪篩選，獲得面試的機會。

有太多人在撰寫履歷表時犯上同樣的錯誤，就是他們太自我中心，只顧着寫下他們想向面試官說明的東西。正如本書 Lesson 1「找工作有如約會」裏提到，你一定要謹記，要寫出面試官想知道的事，即她們想買的東西。

最快捷地告訴面試官你擁有她想要的條件的辦法，不單是讓履歷表聯繫到她內心 Must Have 和 Nice to Have 清單上的選項，你還需要運用關鍵字。你的履歷表在被掃視而不是被閱讀的時候，能否通關就全靠那些關鍵字，而不是你的流麗文筆。履歷表內有愈多與她內心清單吻合的關鍵字，你過關的機會就愈高。近年來更有些機構採用自動化的系統，要求應徵者提供一段視頻，系統會從中憑着關鍵字來進行初選。

其實最容易選擇合適的關鍵字的辦法，就是剖析那份招聘廣告。當有客戶找我幫忙他找工作的時候，我必然要求他們提供兩份文件：他們最新的履歷表，和他想申報的工作崗位的招聘廣告。

要寫出一份好的履歷表當具備以下 3 點：

1. 格式
2. 內容（你想說明的東西）
3. 策略（怎樣擊中面試者的內心清單）

其實，面試官已跟你說過她要甚麼，她大部分內心清單都在招聘廣告裏面。可是，有多少人能認真地分析這招聘廣告呢？通常人們都只是快速地看一遍，並只能以求職者的角度來看待它，我還未遇到能策略性地從面試官的角度來細看招聘廣告，並從中提取那些暗藏面試官內心清單的人。

有一次我輔導一位很有經驗的財經專才，他曾任職一所全球性的私募基金公司，是一位負責中國業務的高層，他休息了一段時間後想重返職場。我如常地要求他給我履歷表和希望申請的招聘廣告；跟他在電話上了解其心中求職的方向和目標時，我看着他亮麗的履歷和成就，不禁地想：「以他的能力，為何仍需要我的幫忙呢？」

我那刻沒有如常地和他開始深入討論，反而把他手頭上的招聘廣告放在他面前，問他看到些甚麼，能否透過這份招聘廣告，看出公司在尋找怎樣的人？令我頗感意外的是，這位非常有智慧而分析力高強的專家，在這方面看到的資訊不比一般人多。

就算是最有經驗的求職者，招聘廣告往往是最容易被忽略的。我看完了他的履歷表後，便細讀這招聘廣告，尋找隱藏在字裏行間的線索，對編寫履歷表和附信，或準備面試都可能有用的訊息，招聘廣告往往是一個載滿着能幫助你成功被取錄的寶庫。

以下是一個我在課堂上常用的招聘廣告例子（有顏色和數字的部分是我加添的備註）：

Equity Asset Management / Product Management Generalist

We conduct our business in increasingly complex markets(#3). Our people must continually find new ways to provide access to capital, manage risk and provide investment opportunities for our clients to enable them to reach their goals. We judge ourselves on our ability respond to changing market conditions(#3) and to create opportunities that merit the trust they place in us.

Equity Asset Management is seeking to add a highly motivated professional(#1) to its product management team. Product Management is responsible for communicating(#2) the investment philosophy, process, product positioning and current market trends(#3) to clients and each of the division's three key distribution channels globally. The product manager will work with senior professionals on the Equity AM team and throughout the organization(#2) to drive product initiatives, sales and demand for Equity AM products across Institutional, Third Party and Private Banking.

Responsibilities

- Serve as a product management generalist across the Equity AM platform
- Learn(#3) and communicate(#2) the Equity AM Team's investment philosophy, process, product positioning and current market trends(#3) to internal and external clients(#2).
- Prepare monthly and quarterly reports for clients and internal reporting across distribution channels
- Update and maintain internal databases and portfolio repository platforms
- Work with product management teams(#2) to create materials used in new business pitches and client reviews
- Develop knowledge of industry trends, competitive landscape(#3) and investment team's capabilities to facilitate improved client experience.
- Assist with the completion of Requests for Proposals and ad hoc projects

Skills / Experience

- Strong(#2) analytical and interpersonal skills(#2)

- Excellent communication skills both written and verbal(#2)
- Command of Chinese(#2) will be a strong plus
- Must be detail oriented, motivated(#1), and hard working(#1)
- Knowledge and understanding of Excel, PowerPoint, Word and adaptability to other software products
- Ability to handle multiple projects(#1), deadlines(#1), ability to handle multiple personalities(#2), and broad based coverage(#1, #3)

你在這個招聘廣告裏補捉到怎樣的訊息呢？請你再重新看一遍這篇招聘廣告，但請特別留意兩點：

1. 可以在履歷表或面試時使用的關鍵字。

2. 重複的詞語或句子。

我們可以從不同的角度分析這份招聘廣告。

首先是關鍵字：我們都有不同的方式和詞彙來形容同一事情。每個行業，每間機構，每個人都有各自喜歡運用的詞彙。我們在求職的時候，其實也要利用對方的詞彙，而不是自顧自用上自己的語言，所以你要盡量複製她的說話，利用它來更新你的資料庫，亦把招聘廣告裏看到的詞彙寫進你的履歷表裏。

我授課時說到這一點的時候，人們都會問我，那不就是抄對方嗎？

是，這是抄，或複製，但不是抄襲。你不是在寫論文，你只是用最直截了當的方式告訴對方你有她需要的東西。如果對方需要一個紫色的球，你不會轉彎抹角地說你擁有一個像薰衣草顏色的圓體，你會直接地說你擁有一個紫色的球。

這一點有多重要呢？當面試官面對着一大堆的履歷表，她拿起屬於你的那份，她要停下來推斷一下：「我需要一個薰衣草一樣顏色的圓體嗎？在我的清單上嗎？噢，薰衣草是紫色的，有我清單上的元素。」

這個場景本質上並無不妥，只是對你這個求職者來説有很大的風險。你其實在考驗面試官的翻譯能力，她要把你的語言翻譯成自己常用的 —— 也即是她公司裏的一套語言詞彙，比較起來，再決定大家是不是在形容同樣或類似的東西。這意味着你正考驗着她的洞察力、知識、智力、語言能力和翻譯技能。你還在考驗着她的耐心和精力。讓面試官和自己輕鬆一點，不要讓她過度思考吧！清晰準確地説出她要知道的東西，直接明確地告訴她你有她需要的條件。盡量使用關鍵字，撒滿在履歷表上。

我不是在教導你説謊，也不是在教唆你要自吹自擂，我只是告訴你，當你具備她需要的東西時，請用她的語言來告訴她！如果你沒有一個紫色的球，也許你可以告訴她你有一個球，或其他紫色的東西。盡你所能把它們寫出來，你要記住，面試官只會掃視你的履歷表，而不是閲讀它。關鍵字愈多，就愈能讓她在掃視你的履歷表時，容易看到跟她清單上吻合的選項。

第二點是要找出招聘廣告的主題或重複使用的字眼和用語，它們往往能超越招聘廣告上表面列出的對求職者的要求，讓你領略到埋藏在面試官心底的憂慮和欲求。請再細看上面那份招聘廣告，留意我的備註：

這份招聘廣告有 2 個有趣的地方，讓我比較在意：

關鍵字 #1：highly motivated / motivated / hard working / multiple projects / deadlines / broad based coverage

翻譯為：這份職位工作量很高。員工需要有廣泛的知識，同事不能只專做某一方面的工作，而需要同時兼顧多個不同範疇的項目，項目限期通常都十分緊湊。

關鍵字 #2：communicating / work with senior professionals on the Equity AM team and throughout the organisation / communicate … to internal and external clients / strong … interpersonal skills / excellent communication skills both written and verbal / ability to handle multiple personalities

翻譯為：這工作需要和很多「麻煩」的同僚或客戶合作，並要面對辦公室政治，你需要很強的人際交往能力，擅長和人溝通才能勝任這工作，單單具備很強的分析力是不夠克服這工作上的各種挑戰。

關鍵字 #3：complex markets / changing market conditions / current market trends x 2 / Develop knowledge of industry trends, competitive landscape / broad based coverage

翻譯為：你大概要清楚了解所有市場動向和變化，並掌握箇中原委。

要識別招聘廣告裏隱藏的主題，你需要在字裏行間中找出它弦外之音，做到這一點並不容易。我們可以回歸到情緒智能的一個基礎理念，就是在欲求的背後，總有憂慮。這份招聘廣告反映出面試官有兩大欲求及憂慮：

欲求和憂慮之一

以上例子中的面試官真的是很需要一個勤勞工作的員工，因為這個崗位的工作量很高。這也意味着面試官很害怕招聘到一個不夠勤奮

的員工，未能處理繁多的工作。「勤勞」固然是一般僱主對員工的普遍要求，但對這份工作而言，似乎尤其重要，這一點應該在面試官的清單上有較高的位置。

雖然你不能在履歷表主體部分寫上你有勤奮的這優點，但你可以具體些說明你曾如何同時應付多個項目和趕上極其緊張的項目限期，你也可以在履歷表上方摘要部分或在附信裏陳述你有積極和勤勞的工作態度。

欲求和憂慮之二

同時，面試官真的是很需要一位情緒智能很高的員工，因為這工作需要和很多公司內外要求很高，而且不易相處的人共事合作。面試官害怕的是招聘了一位只有技術能力而缺乏情緒智能的員工，因為他會難以應付人事方面的問題。「溝通能力」固然是一般僱主對員工的普遍要求，但針對這份工作的性質，這點特別重要，它在面試官的清單上也有較高的位置。

從中你也可以想像，在上次招聘這職位時，公司可能經歷了一次失敗。面試官也是人，她們做決定的時候也會和大家一樣，受制於人性的偏執，被最近的經驗左右。也許負責為這份空缺招聘的面試官，曾經聘用了一位有着亮麗履歷表的人，卻因為他不夠圓滑成熟，除了個人表現不佳，還拖垮了整個團隊的表現。因為過往的不好經驗，在這次招聘替代者時，便特別注重應徵者的成熟程度和待人處事的能力和態度。這選項在清單上的位置，比一般招聘這類崗位的要求為高。

影現（Mirroring）

在 Lesson 3「如何弄清楚僱主內心審核清單？」裏，說到 DaCAMMS© 技巧的時候已提到，你的履歷表不但反映着你覺得重要的訊息，它也要盡量貼近面試官的內心清單。運用關鍵字能有這種微妙的（甚至是潛意識的）效果。你要突顯你具備的條件如何和面試官清單上的選項吻合之餘，並在不同的選項之間，彼此更有相似的優先考慮。所以你要有策略性，一面研究招聘廣告一面以其他資訊補充，即公司網站、求職論壇、從業界或公司裏的知情者了解到的訊息等。你要好好思考整理這些訊息，明確地反映在履歷表上，令面試官容易識別你是符合她們要求的求職者，讓你贏取面試的機會。

為每一份工作度身訂造一份履歷表

再說關於履歷表方面經常被問到的問題：

「我寄出超過 100 份履歷表去申請工作空缺，但全軍覆沒。」「請看看我的履歷表，為何我的申請都未能得到回音呢？」

除了格式問題，失敗的原因都是他們沒有為申報的工作，個別度身訂造一份履歷表。

可是，當我告訴他們這個答案的時候，他們往往說：「可是這太花時間了！」意味着他們覺得不值得費這樣的功夫時間，來為不同的空缺個別度身訂造一份履歷表。

案例一：漁翁撒網的申請

求職者相信他發出的求職信愈多，找到工作的機會就愈高。既然是要漁翁撒網，他的履歷表也不是專為一份職位空缺而編寫。於是，每一位面試官收到他的履歷表，都不約而同地覺得他不是最合適的人選。雖然求職是一個機會率的遊戲，也有人利用這個辦法成功獲得取錄，但是我情願花時間和功夫去為一份我想得到的工作度身訂做一份履歷表，好好告訴面試官我如何擁有她尋找的條件，從而提升面試的機率。那些你認為不值得花時間和精力來申請的工作，又是否真的適合你呢？或許你可以為最心儀的工作，花時間做一份特別切合的履歷表，而對其他的空缺則發送範本式的履歷表。如果你一直在使用同一份履歷表來申報多份工作而沒有回音，也許是時候改變你的策略。

案例二：完美的履歷表

我見過一份履歷表，它技術上來説也算完美，單看這份履歷表，就算是我這樣的專業導師也看不到可以改善的地方。那麼，為何它的主人還是得不到面試的機會呢？當我接着看他申請的工作的招聘廣告時，答案就顯而易見了。履歷表是完美的，但對這份空缺而言我看不到他的適合性。美與不美，全在乎觀賞者的角度，其實合適與否也一樣。每份工作的面試官清單也不一樣，履歷表也需要反映到這點。如果你的朋友和導師都跟你説你的履歷表沒有問題，但你卻沒有面試的機會，你可考慮投資時間和精力去為每份準備申報的工作，個別度身訂造一份履歷表。

度身訂造一份履歷表極為耗時，也不是我喜愛的差事，但它是一種時間和精力的投資，把你獲得面試的機會最大化。這也是一個機會率的問題，你愈能投資在這關，你就愈有機會進入下一輪的篩選。

無敵的履歷表內容

低風險和高風險
的策略選擇。

現在你應完全明瞭如何怎樣「不要讓面試官費勁思考」這概念，從而提高你的履歷表進入「下一輪」的那一疊。我們看看其他 3 點關鍵的策略性考慮為：

1. 不要讓面試官費勁思考 ☑
2. 成為低風險的應徵者
3. 令自己與眾不同

要明瞭最後兩點，你要先清楚了解面試官在這階段的思維。她當前的目標是要篩選出一批履歷表，給相關招聘部門的主管或其他參與招聘工作的同事。那麼她當時有甚麼欲求和憂慮呢？

低風險的應徵者
↵

欲求：找出達標數量的符合資格應徵者。

憂慮：同僚覺得她選出來的應聘者不合適。這樣的話，她的同事

會浪費寶貴的時間來審閱那些並不理想的履歷表，甚至乎浪費時間跟這些不合適的應聘者進行面試。專業同事們的時間都是公司的寶貴資源，這樣的話，則代表她失敗了，沒有做好她的本分。

明白這一點很重要，它是第二點「成為低風險的應徵者」的核心。你絕對可以假設大部分的面試官都不想失敗，即是說當面試官把一份履歷表放進「下一輪」的一疊時，她都在進行一次風險評估，這個應徵者進入下一輪是否「安全」？我會不會被視為做得不好，判斷錯誤的風險？你給她的感覺愈「安全」，能進入「下一輪」的機會就愈高。

那怎樣才是一個「安全」的應徵者？我們需要回到面試官的清單。你和她的清單愈吻合，她選擇你就愈「安全」和愈低風險。你愈是和她的清單有落差，對她來說，選擇你所產生的風險也愈高。

從另外一個角度來想，那也是我教授編寫履歷表的課時常說的：你在履歷表裏包含的所有內容，都應該有各自的目的和意義，它們都應該符合以下其中一個原因：

1. **欲求（Desire）**：告訴面試官你有她需要的特徵（清單上的選項）
2. **憂慮（Fear）**：減少她把你視為一個高風險的求職者的機會
3. **順其自然（Flow）**：符合人們對一個正常的履歷表會產生的期望

大家都很明白第一點 —— 欲求，那麼我們來談談「憂慮」和「順其自然」。有人會問我關於他們在履歷表上的空隙時段，面試官會留意到嗎？應該要怎樣處理呢？

你可以假設面試官一定會看到你履歷表的空隙時段，因為她們一定在意你在不同工作崗位上的任期。當她們見到你有些空隙時段，而你又不在她們面前，只憑着你的履歷來評估時，她們容易覺得事有蹺蹊，產生懷疑，覺得你是不是有些不為人知的秘密或問題呢。

背後的原因可能只是你決定放一年長假，又或許你想花時間物色你真正喜歡的工作，還有很多很多不同而合理的原因，令你的履歷表上出現空隙時段，而面試官聽後大都會覺得可以接受。但問題是，你還沒有獲得面試的機會，她此時就要決定，到底應不應該邀請你來面試，並問清楚你空隙時段在做甚麼，還是把面試的機會，留給另一位沒有這些疑慮的應聘者呢？

　　如果每個面試官都對每個求職者進行盡職調查（due diligence），事情就簡單得多了。她可以致電給你讓你解釋一下，如果她認為你的解釋合理，你的履歷表上出現空隙時段便不成問題。所以當你的履歷表有可能觸發她的憂慮，你要努力減低它的重要性或作出解釋。如果你真的想不到好的辦法，也毋須感到絕望，你履歷表的其他部分可能足夠讓你進入下一關（亦視乎對這空缺的競爭有多激烈）。我也遇到有些求職者把履歷裏的空隙時段清楚列出來，用一個有創意又合適的方法來解釋，從而把面試官的疑慮減到最低。

順其自然
↵

　　很多時我授課說到這項時候，聽課的人就會問我，應否把跟面試官清單不吻合的工作經驗或修讀課程保留在履歷表上呢？曾經有客戶問我可否不寫與他正在申報的工作無關的工作經驗？也有一個碩士生在課後找我商量，她覺得自己的學士學位沒有碩士學位那麼優秀，應否把履歷表中的學士學位資料剔除呢？

　　答案是：要視乎情況。其實真正的問題是：如果你沒有寫上這些資料，面試官會不會覺得奇怪？如果答案的確會令面試官覺得奇怪或

意外，你最好還是不要刪掉它，否則可能引發她的憂慮，令面試機會下降。

回到我剛才的兩個例子，不寫上某段時間的工作經驗會令你的履歷表出現空隙；只寫出修讀過碩士課程，而沒有交代學士課程，可能會令面試官懷疑你唸學士的時候是否有些不可告人的秘密，或是你大意忘記寫出來，甚至她會覺得你沒有常識。

有沒有例外？有，這要看個別的情況。如果那項工作經驗是很久以前的事，或上班時間很短，那麼它存在與否的影響會很微小。否則，你還是最好保留這些會讓整份履歷表看起來比較順暢自然的時段，雖然它並不吻合面試官的清單，但你可以透過履歷表的設計，降低它的重要性。

這時我們進入第三點關鍵性的策略 —— 令自己與眾不同。

令自己與眾不同

當我教授專業形象課題的時候，我常說：如果你的形象只達到基本要求，你只會平平無奇，跟其他應徵者沒有太大的分別。如果你希望能像個領導者，你需要平衡專業形象和個人品味的元素。法文有句諺語：「Je ne sais quoi」，意思是個人散發一種難以言喻的特質，令自己與眾不同。

同樣地，如果你把履歷表徹底地「消毒」，除去所有帶風險的元素，只編寫最安全的東西，得到面試的機會只會是一般。這樣處理履歷表是可以減低風險，但「安全」本身不是一個賣點（除非面試官的

Must Have 清單上有「安全」這個首要選項）。

當有很多應徵者申報同一份工作，而大家的履歷表都大同小異時，與眾不同的履歷表是一項很大的優勢。要達到這個目的有兩種方法：

方法一：低風險的策略 —— 添加一些個人資料令你與別不同

這可以是你的副業、特別的技能或興趣、一些能讓人對你另眼相看而適合和別人分享的東西。

有一次我輔導一位在唸 MBA 的學生，他在學期間經營一門關於高爾夫球的生意。這門生意跟他即將要申請的工作一點關係也沒有，如果把它加入履歷表，有可能令面試官分心，因為照時間的順序列出時，這會是在首項；如果把它省略了，是不會出現時間空隙的，因為這與他的 MBA 課程重疊。兩難之際，我們還是決定把它保留在履歷表上，因為它整體來說還是對他的申請有利，原因有以下幾點：

1. 經營高爾夫球的生意雖然與此空缺無關，但也並無衝突。
2. 他申請工作的行業裏，有很多高爾夫球的愛好者，所以這點很有機會引起面試官的注意和好奇心。幸運的話，就憑着對他的好奇這點，也許已足夠讓他贏取面試的機會。
3. 版面上，他的履歷表有足夠空間容納這一點。

平衡利弊之後，我們覺得包括這特殊的經驗總括來說是利多於弊，值得冒少許風險。

你也許覺得他能兼顧學業並同時經營小生意，實在很了不起，但爭取面試來說必然是優點嗎？這是一個關於履歷表的法則取捨的好例子。對他的履歷表整體而言，經營小生意這經驗對這他來說不會特別「加分」，更有機會分散面試官注意力；但他的生意碰巧是高爾夫球，

而它的獨特性有又很可取的地方，才可能為他帶來一點優勢。

　　一個更簡單的做法，便是寫上一些你有別與他人的天賦或興趣，我並不是指那些像閱讀、旅遊等那麼普通的嗜好。有一次我輔導一個 MBA 學生，她曾花數年的時間，獨自遊歷過 50 多個國家，她把「旅遊」列在個人興趣那一欄裏。通常「旅遊」這一點並不能帶來驚喜，但她卻是例外個案，絕對值得提出來，因為她所申報的工作很注重獨立行事、主動解決問題的能力，要求員工要有一個開放的思維模式，能與不同文化背景的人溝通和合作，所以她豐富的遊歷經驗，為她如何完全命中面試官的清單，提供獨一無二又無懈可擊的證據，我們只需好好利用這點，選擇適當的措辭，就可明顯地帶出她擁有面試官想找到的特質。

　　在我發展事業的初期，我的履歷表上會寫上我能操流利英語、廣東話、普通話、日語、韓文。沒有一份工作要求應徵者具備 5 種語言的能力，但這一點讓我在芸芸求職者中顯得突出，而分享這訊息也是一個恰當的做法，能令人印象深刻。

　　無論是一個比較主要的工作經驗，或比較次要的個人興趣，請想想有沒有恰當的東西可以分享，從而令你突圍而出。

方法二：高風險的策略 —— 打破所有關於履歷表的規則

　　粗略統計我多年來看過萬五份履歷表，在高盛時期倒有幾份履歷表我現在還能記得。有一位求職者 Janet 寫了整整兩頁的文章解釋為何我們應該聘用她，而不是像其他求職者一樣給我們一份履歷表和一封附信。那時我覺得她可能缺乏常識，又或者她非常有膽識和聰明地用上這麼高風險的策略。

　　可惜的是 Janet 在面試過程中表現很差，印證了她如履歷表上所

寫，的確是缺乏相關知識和判斷能力，亦未能反映出我所期望看到的勇氣和智慧。

還記得我說過面試官的欲求和憂慮嗎？作為負責篩選履歷表的我，當然不想在這差事上出錯。當我碰到一些不符合條件，但情況比較特殊，而我又想把他包括在面試名單上的人，我會嘗試告訴負責下一輪篩選的同事，為何這申請有值得考慮之處，以及有甚麼不足之處，使面試官明確地知道這應徵者有機會不合適我們的，那麼提供面試機會與否，變成是我們的共同決定。

還有另一位同學 Craig 的個案，這是一位高盛的主管 Paul 告訴我的故事。他當年招聘了剛畢業的 Craig，還記得他的履歷表很普通，附信也沒有讓人留下深刻印象，但當時 Paul 打開 Craig 寄來的信封（那是未流行網上申請的年代），內裏有厚厚一疊剪報，都是關於他的新聞。原來他從小就是一個網球的天才，那些報道都是關於他歷年來勝出的賽事，最近期的一份報道則說他如何放棄網球手的職業，毅然出國修讀資訊科技的碩士學位。你也可以想像，Craig 的申請和其他畢業同學比較，顯得非常突出。

Paul 在學生時期是一位學生領袖，他深信一個優秀的學生，必須要在學業以外的領域也能出類拔萃，於是 Paul 被 Craig 的超凡個人成就吸引，決定給他一個面試的機會，在面試時也發現他很聰明和很清楚自己想要的人生路向，Craig 獲得取錄，多年後更被晉升為部門的高管。

回說 Janet，雖然她最終面試失敗，但最低限度，她成功地贏取了面試的機會。若她的申請遇到另一位面試官，她也有可能把風險較高的這份申請馬上放進「捨棄」的一疊。

至於你到底應不應該冒這樣的風險？跟正常的做法可以偏離多少？當中有很多因素要考慮。這是一個高風險高回報的策略，採用與否的決定權在你手上。

　　請你謹記，履歷表的任務是要讓你贏取面試的機會，這點 Janet 和 Craig 都同樣成功了。過了這一關，能否取得工作機會就看你在面試時的表現，能否回應面試官的期望了。

•• Lesson 10 ••

理想的履歷表格式

履歷表的設計，
是要讓它避過在六秒後被淘汰的厄運。

Steve Schechter   ...

IT Director / Program Manager / IT Operations Managerment / Service Delivery Managerment

另一點令我很感意外的是，很多履歷表都只是由 plain ASCII 的文字組成（即沒有採用粗體、底線等任何格式）。履歷表的目的，應該是讓你看來與別不同，難道這是一個達到這目標的好辦法嗎？如果你在尋找新工作，想令你的事業產生轉機，但你在向着人生目標進發時還是這樣懶惰，那麼我自然會假設你在工作時也是同樣態度。不用找藉口了，網上有無數履歷表樣版，免費如 MS Word 一樣的文字編輯軟件。如果你給我只是 plain ASCII 文字的履歷表的話，你一定不會收到我的回音。

👍 Like   💬 Comment   ↪ share

節錄自 Steve Schechter 先生，一位資深的 IT Director 在 LinkedIn 網站內帖文的翻譯。

　　現在我們已很清楚為每次求職而度身訂做一份履歷表的重要性，以及 3 個策略性的考慮，那麼，開始談談履歷表應有的格式吧。

我常被問到：「理想的履歷格式是怎樣的？」正如我授課時回答：「那真的要視乎情況。」

重用約會的比喻，這個問題有點像：「最能吸引女生的理想外觀是怎樣的呢？」答案一定是：「要視乎你想吸引怎樣的女生？你想要一個怎樣的女生做女朋友？你心儀的女生會被怎樣的男生吸引？那女生會喜歡怎樣的男生呢？你要怎樣穿着打扮才能顯出你擁有她心目中理想對象的條件？」等等。

為了達到此目標，即是為你準備申報的工作找出最理想的履歷格式，我們要集中想想以下 3 點：

1. 這行業的正常期望是怎樣的呢？
2. 要以怎樣的方式來提供你的資料，好讓面試官在掃視你的履歷表時容易找到她想找的訊息？
3. 你希望在面試官看過後留下一個怎樣的印象，透過履歷表的格式來呈現出來？

讓我逐一解說吧。

1. 這行業的正常期望是怎樣的呢？

人類是有着習慣和預期的動物，面試官也一樣。在掃視一份履歷表的時候，她希望能以最快最容易的辦法找到所需的資料，來決定它該進入「下一輪篩選」的一疊還是「捨棄」的一疊，或是值得慢一點重看。如果你的履歷表格式有別於她看慣的那種，那麼她便需要多花時間來找到她需要的訊息。

有一項研究顯示[1]，招聘者在篩選履歷表時，她們視線停留在每份履歷表上的平均時間約為 6 秒。其中 5 秒花在求職者的名字和學歷、現在和過往的工作崗位、上任和離職的日期，餘下的 1 秒則在掃視關鍵字。

所以你的履歷表愈是偏離常規，面試官需要從它找出關於你基本資料的時間就愈長，令她覺得厭煩而決定捨棄的機會就愈高。

這不代表你不可以表現創意，我也曾見到的一些另類的履歷表，在我猶豫之後決定看看，然後把它歸納入「下一輪篩選」的那堆。我也見過一些乍看之下覺得美倫美奐的履歷表，但它給我的感覺很快由驚艷變成厭煩，因為我要多花時間才能找到我需要的資料。我不是不歡迎創意，只是速度是我當前首要考慮條件。

何謂常規？不同的行業也各有不同的預期。在比較傳統的行業，例如投資銀行，一份格式比較傳統的履歷表會較易為人受落，因為它與這行業的文化一致。在一些創意產業中，一份很正式和傳統的履歷表則不會得到好評，因為創意是從事這行業的常態和優先考慮。我還記得有一位座談會的講者，他在一間跨國的廣告宣傳公司任職，他說進行招聘時，如果收到傳統樣式的履歷表會馬上捨棄，因為他期望求職者能在履歷表上顯現創意。

---

1 Report: Eye Tracking Online Metacognition: Cognitive Complexity and Recruiter Decision Making, Will Evans, Head of User Experience Design, TheLadders, 2012.

2. 要以怎樣的方式來提供你的資料，好讓面試官在掃視你的履歷表時容易找到她想找的訊息？

上述那份研究印證了我自己多年的做法和經驗。我未必能用 6 秒來馬上決定如何處置一份履歷表，但我會很快決定一份履歷表值不值得我再看第二次。

在上一章，我們談過「不要讓面試官費勁思考」這個道理。在履歷表格式這方面（也是你履歷表整體設計的一個重要環節），你不要讓她費勁尋找！

雖然有不同的辦法修飾你的履歷表來吸引面試官，但請別忘初衷。履歷表的設計，是要為你爭取到一個面試的機會，而不是要令你馬上獲得聘任。它需要通過「掃視」這一關，然後被放置在「下一輪篩選」的那一疊。我們在上一章已討論過關鍵字的重要性，這裏我們會討論相關的原則，一些大家都明白同意卻不一定會跟隨的原則。正如我授課時常說，有時成敗不在於你知道甚麼，而取決於你如何運用你知道的訊息。

為何人們不能照着他們已確知的正確做法而做好一件事情呢？因為他們雖然知道某些東西是重要，但他們總覺得重要的程度不是那麼高。我遇過一位曾出席過我的「履歷表編寫和面試技巧」課程的學生，他的履歷表看上去也很專業，但他告訴我他申請很多工作都沒有回音。我看完了他申報的工作的招聘廣告，發現他履歷表和對方要求之間有頗大的落差，難怪他得不到面試的機會。

我問他為何不為想申報的工作度身訂做一份履歷表呢？他回答說：「是真的有這麼大分別嗎？」。他的履歷表本身已寫得很好，但他

的工作申請依然石沉大海，所以答案顯而易見。不要懶惰，如果你真的渴望得到那份工作，請把時間和精力投資在編寫履歷表吧。

他邏輯上的謬誤在哪？再用上約會的比喻，你可能是一位具有吸引力和優秀得令人讚嘆的男生，但倘若我覺得你不是我那杯茶，我對你便不會有興趣了。在履歷表的字面上你看來不錯，但如果你沒有我特意要找的條件，你不會得到進入下一輪篩選的機會。就算你如何出色，但你出色之處是應用在哪一份工作呢？在首輪的掃視，你的履歷表擁有 6 秒的時間打動我，讓我覺得針對目前這份空缺，你是很棒很合適的人選。

3. 你希望在面試官看過後留下一個怎樣的印象，透過履歷表的格式來呈現出來？

大家常常説第一印象是如何重要，這也是我經常在進行輔導時會講解的命題，無論對象是學生或是初入行的新人，又或是企業裏的高層，在你求職的時候，你給人的第一印象不是在你見工的時候看來怎樣，而是你的履歷表看來怎樣。在你能夠出席面試之前，你就已經透過履歷表留下給他們的第一印象。你的履歷表是否看來有組織和合邏輯，又或是草率和不協調的呢？它能否表現出你的智慧，抑或顯得太簡單太基本呢？正如我們透過外表和身體語言給人留下印象，我們的履歷表也在代表着我們。

在授課的時候，我喜歡用學生們真實但匿名的履歷表來讓我的講解更切實。我會請大家看看某人的履歷表，然後説説他們對履歷表人的印象。

當你有了答案之後，你要問問自己：

- 這是不是你想給面試官留下的印象？（你的賣點。）
- 這印象是否和面試官的清單吻合？（她想買的。）

如果對以上的其中一個或兩個問題的答案都是否定的，那你有好些功夫要做了。由此可見，過程中每一步都是情緒智能的表現。你能否對自己了解透徹，是否明白對方，以及湊合這兩者的知識，來編寫一份出色的履歷表？

格式的關鍵之處
↵

無論你決定使用怎樣的模板或架構來編寫你的履歷，有一些關鍵性的格式規範你務必要遵從。以下是一些在履歷表格式方面的提示，能令它進入「下一輪篩選」的一疊。

1. 確保履歷表的一致性和準確度

你的履歷表是你給別人的第一印象，你要確保你不要因為簡單的錯誤或前後矛盾而令你吃虧。這些簡單的錯失在面試官掃視履歷表的時候最容易突顯出來。你需要一次又一次的檢查你的履歷表，以至不要猶豫地去找朋友幫忙檢查一下，確保沒有這類型的失誤：

I. **標點符號**：要正確和有一致性。

II. **拼寫**：利用檢測拼寫的工具，或找個朋友幫你校對一下，確保你的履歷表上沒有錯字。拼寫的錯誤給人一種草率、不小心、對細節沒有用心的感覺。

III. **格式**：沒有對或錯的格式，但履歷表裏的格式一定要一致。使用一致的格式來呈現同一個等級的資訊，使面試官快速理解不同類別的訊息。

你要確保履歷表視覺上是能吸引讀者的。你有沒有試過閱讀密密麻麻的一頁，佈滿着細小的字體，整體版面又缺乏空白間隔的文章？這樣的格式，只會令你失去看下去的興趣，你要確保版面留有足夠的空間，字體的大小要容易閱讀（建議不能少於 10 號），你永遠不會知道面試官會否有老花眼。Please, help me to help you!

2. 把你的名字和聯絡方式清楚地呈現出來

我見過很多履歷表都需要我尋找應徵者的名字，又或是在格式上沒有充分強調。你的名字其實是我第一樣想看到的東西，請不要讓我花時間尋找它！還有，如果你把名字隱晦地「埋藏」在履歷表裏，我會覺得你這個人沒有自信。Own your name！你要把它在履歷表的上方清楚地突顯出來。另外，你的聯絡方法也是要清楚地呈現，方便我聯絡你來公司面試。

3. 電郵地址要顯得專業

有時我會碰到一些很有趣味的電郵地址。「有趣」本身並沒有好壞，但它也是構成你透過履歷表給我一個整體印象的一部分。有一次我看到一個應徵者的電郵地址是

'strongtigerman168@gmail.com' 之類的（其實我已記不清楚那詳細地址，如果這真是你的電郵地址，請見諒），那時我和同事們看了成千份的履歷表，已經是疲憊不堪，這個電郵地址為我們帶來了少許歡愉！可是輕鬆過後，它便放進捨棄的那一疊。

那時我在想，這位應徵者可能真的像老虎一樣強壯，但他腦內是不是缺乏常識，才用上這個看上去毫不專業的電郵地址來應徵？如果我是他的朋友，我可能會欣賞他的幽默感，但對一個不認識你的面試官，使用這樣的電郵地址實在非常冒險。正確的做法很簡單，用一個專業的電郵地址吧。如果你沒有，就註冊一個新的，不要因為方便而犧牲你的專業形象。

4. 策略性地把重要資訊放在易於掃視的位置

有人說，做生意重要的是地點或位置，其實對履歷表來說也一樣。在掃視履歷表的時候，面試官會較注意到放在頭位的資訊，譬如第一段比最尾的一段較能引起注意，頁的上端也較頁的末端更能被留意，每段的頭 1 至 2 個要點（bullet point），甚至每個要點前面的文字都比後面的文字更能得到面試官的注視。如果你的賣點或有力的佐證放在項目的末端，它容易會被忽略。

- Increased efficiency of monthly management reporting process over 50% by setting up new procedures and process flows.

這點不差，但如果你的賣點是那 50% 的效率提升，那麼，以下的寫法會更為有力和吸引到面試官：

- Achieved 50% increase in efficiency of monthly management reporting process by setting up new procedures and process flows.

把你最具影響力的一項放在一段的首要位置，也把每個項目裏最有力的部分放在最前方。

至於履歷表的不同段落應如何分佈，你也要把賣點最強的那段放在前面，譬如你的教育背景較你的工作經驗更可觀，那麼，把教育背景的那段放在工作經驗的那段前面。反之，如果你的工作經驗比你的教育背景更耀眼，那麼，就把工作經驗那段放在教育背景那段前面。不用跟隨別人的做法，你要跟隨一個最能彰顯你是最佳人選，並最能說服面試官令她為了要更了解你而邀請你來面試的做法。

5. 頁數維持在 1 至 2 頁以內

有很多聽我課的學生，特別是那些具備豐富工作經驗的 MBAs 都會反駁我這一點。在香港，我也見過很多冗長的履歷表，的而且確，也有很多找到工作的人有超過兩頁的履歷表。我在這裏列出來的規則，都不是絕對決定你申請的成敗（除了履歷表上不要有錯誤之外），但這些規則都會提升你的履歷表進入下一輪篩選的機會。

就讓我們首先看看通常人們會覺得他們的履歷表需要超過兩頁的主因：

I. **多年的工作經驗**：履歷表因此而值得長一點，把 15 至 20 年前畢業後曾從事的所有崗位羅列出來。通常這些不同的崗位都有類似的項目或元素，緊隨着他的年資晉升，

重複地出現在履歷表上。

我曾遇到一個人，他激昂地維護着他冗長的履歷表，説要把曾任職的所有職位羅列出來，才能反映出他擁有的豐富的工作經驗，對得起他過往的努力和業績。

他能對過往的職業生涯感到自豪固然好，但他這個做法，只顧及自己想表達和自己幻想中的賣點，沒有從面試官的處境和看法來考慮。

面試官平均使用 6 秒的時間來掃視一份履歷表，較長的履歷表則需要面試官多些時間來完成第一次掃視。

其實他長久的工作經驗已經在最近的職位裏反映出來，面試官看到他目前的職位，也會理解到他早期曾任職較初級的職位，並一步步晉升過來。

如果你的履歷表也是如此冗長，請你剔除不必要的東西，把類似職位合拼成一組，不再重複描述同樣的職務和責任。

II. **太多空白**：你的履歷表上需要有一定程度的空白地方，讓它顯得段落分明，有組織有條理並容易閱讀。但假如它有太多空白的地方，這也是一個問題。太多空白會給人一種太單薄和虛空的感覺，過多空白會讓對方覺得應徵者思想過於簡單，沒有足夠的智慧和精密的思考能力去應對工作上複雜的問題或挑戰。而且，如果一篇履歷表有很多頁數的主因是因為有太多空白的地方，這會令面試官看得厭煩。

III. **大量沒篩選過的資料**：你懼怕不能命中面試官清單上的選項，因此把你的生平都寫上去。你寫得多不代表面試官會看到所有東西，寫得太多反而會加重了面試官在掃

視你的履歷表時，尋找她想找到的資訊的難度和負擔。你應做好準備功夫，分析招聘廣告，探查出面試官想要的東西，然後選擇性的藉着履歷表來告訴她妳具備她想要的條件。就正如你結識了一位心儀的異性而想爭取到對方給你第一次約會的機會，你不會把自己一生的經歷拿出來一樣。

我在為高盛或自己公司進行招募的時候，見過太多冗長的履歷表，其實履歷表的資料多不一定是好的，太多資訊一定會弄巧反拙。就好像在工作上，你想看一份長達50頁的報告，還是一份寫得精簡到位，只有一兩頁的概要呢？

履歷表的目的是要贏取面試的機會，而不是讓你得到公司的聘書。包含足夠的資料讓面試官覺得你很有可能吻合她們的需要，讓她們有興趣對你多些了解，而邀請你來面試。集中在這一個目標來設計你的履歷表，其他無關的訊息都是多餘的。

那怎樣才能拿捏得好呢？除了向我或其他導師請教專業意見之外，你也可以問問朋友，讓他們掃視一下你的履歷表，聽聽他們的意見和印象。

他們初看到你的履歷表的那刻，有沒有一種繼續想看的感覺？他們看的時候，有沒有覺得密密麻麻的字體令他們感到吃力？他們能否掃視你的履歷表之後，說出你的名字、聯絡方式、現在和以前任職的公司的名稱和職位？

整體來說，你的履歷表給朋友們一個怎樣的印象和感覺？你不一定需要一個教你撰寫履歷表的導師，找一個能坦誠給你意見的朋友也可以。

•• Lesson 11 ••

履歷表上
不可或缺的東西

「不錯」和「卓越」
之間的分別。

　　到現在為止我們討論過關鍵字、格式和如何聚焦在強項上。如果你把我之前解說的都做好，相信你的履歷表效果會不錯。但「不錯」和「卓越」之間存在分別，現在讓我們更進一步，看看如何把你不錯的履歷表變得卓越吧。

　　很多有良好設計的履歷表都錯失良機，沒有讓人覺得應徵者出類拔萃，因為它們只是平白無奇地羅列出應徵者曾擔任過的崗位和職責。當然，我們需要讓面試官了解你過往的工作經驗，包含甚麼工作範圍和職務。如果所有應徵者都是這樣地寫他們的履歷表，你也可以和大家一樣憑着各自的資歷來比拼。但如要鶴立雞群的話，這個做法便欠缺了重要的一點 —— 你的成就。

　　你想一想。大家其實都在不同機構甚至不同行業做着類似的工作，而彼此都會在履歷表寫上類似的職務和差事，所以不論工作表現是好或差，都在各自的履歷表上寫着類似的東西！

透過編寫你在工作上的成就，你可以在芸芸應徵者中脫穎而出。你要表達的，是你不單和其他應徵者一樣有類似的工作經驗，而且你還是非常優秀，是一個 high performer，繼而羅列出證據。

我有見過人們在履歷表的上方總結的位置，高調註明他們是個工作表現高的專才，但當我掃視履歷表餘下的部分，我只看到平凡的職責描述。

表達一個人的成就有兩個層次：

- 大膽地表明你具備面試官清單上有的才能
- 提出確實的證據，讓我們逐一細看

果敢地表明你具備面試官清單上有的才能

就拿一個流行的清單項目來舉例 —— 領導才能。

如果你在履歷表上方的摘要提到你有卓越的領導才能，這會提高我在這方面對你的期望。那麼，你一定要在履歷表餘下的地方提出印證。關鍵不是在表明羅列出你的才能，而是要證明你的確具備這些才能。那怎樣可以在履歷表上做到這一點呢？你要在各要點中提出你有高強領導能力的例證。例如：

- Led a 5 person team to complete X project successfully and delivered within deadline.

這比以下的寫法更能打動面試官並命中她的內心清單。

- Responsible for leading a 5 person team for project X.

如果你聲稱你有很強的領導能力，而領導才能是我清單上一個重要的選項，那麼我會期望在你的履歷表上看到多個你作為一個優秀領導者的例子。把 Responsible 這形容詞放在開頭，強調你職務上的領導地位。若然你把它隱藏在要點（bullet point）裏，要我費勁把它找出來，我恐怕會在掃視時忽略了它。要點前面的詞語遠較中間和後面的詞語更能被注視。

其實你履歷表有沒有摘要不是最重要，要緊是你的列點裏有沒有領導才能的關鍵字和它是否容易被掃視到。

提供量化的證據

如這段的標題所示，你要提供愈多愈好的數據點來證明你工作表現出色。請謹記履歷表的篩選只是整個招聘過程的第一步，面試官不認識你，她會擔心作出一個錯誤的選擇，選出一個不合適的應徵者，所以她的選擇與她的聲譽攸關。

到目前為止，本書討論的都是讓你展現出你和這工作崗位的適合度。現在探討的，是要表現出你不單適合這份工作 —— 你除了擁有相關的工作經驗，你更會有出色表現。你愈能做到這一點，你被選中的機會就愈高。

「證據」是甚麼意思呢？回到剛才的舉例：

- Led a 5 person team to complete X project successfully and delivered within deadline.

我們可以進一步編寫為：

- Led a 5 person team to complete X project successfully; consistently delivered 100% of projects within deadline over 5 years.

或甚乎：

- Led a 5 person team to complete X project successfully.
- 100% of projects delivered consistently within deadline over 5 years.

如果這工作涉及很多項目管理的工作，而在項目限期前完成也是很重要的話，儘管那可能不是項目管理的常態，那麼這兩項要點便是一個工作表現優越的有力證明。又看看另一個例子：

- Responsible for leading X project initiative achieving increase in efficiency of 50%.

這寫法不差，但如之前的例子一樣，重點放在「責任」Responsible 那字眼上。如果我們把它這樣重寫：

- Led X project initiative achieving increase in efficiency of 50%.

這樣會顯得更為有力，因為重點放在「領導」（Led）這字眼上。可是「50% 的效率提升」這點卻容易被忽略了。我們再試試重寫：

- Led X project initiative achieving 50% increase in efficiency.

以上的寫法，重點依然放在「領導」（Led）這字眼上，「50% 的效率提升」這點放在句的中央，較放在句子的最後有利。但如果你最想強調的賣點是那「50% 的效率提升」，那應該怎樣寫呢？我會推薦你這樣寫：

- 50% efficiency increase achieved in leading X project initiative.

無論你選擇這樣寫你的項目：

- Led X project initiative achieving 50% increase in efficiency.

或這樣：

- 50% efficiency increase achieved in leading X project initiative.

兩者之間沒有對錯好壞，問題是哪一款式強調的東西對你最為有利，最能吻合面試官清單上排在高位的選項，令你進入下一輪的篩選。

當我說要提供量化的證據，我的意思確是如此。最好能有數字——絕對的數目、百分比，或其他更能彰顯你功績的數據。如果你並不能提出確實的數字，就唯有盡量以文字描述。你可以體會到：

- Led a 5 person team to successfully complete X project.

是比以下的寫法更為有力：

- Led a team to complete X project.

簡單地加上「5」這個數目和「成功地」（successfully）這個形容詞，令這項顯得更為實在和強而有力。同樣地，這個寫法：

- 100% of projects delivered consistently within deadline over 5 years.

比以下的寫法更為有力：

- Projects delivered on time.

「百分百」（100%）、「一貫地」（consistently）和「五年」（5 years）都是量化的證據，證明你在項目限期前能完成項目不是一次性的事情，而是你能經常達到的指標，因為你是如此優秀。

還有關於提供量化證據的第 3 點你要謹記，就是你要為你的證據提供背景。你不會知道由誰來第一次或第二次審閱你的履歷表。可能是一位在你申報的工作有資深經驗的部門同事，或是一位對你申報的工作並不深刻了解的人事部同事。我見過一些履歷表，它們雖然提供了一些量化的數據，但不但不能令我另眼相看，反之，它只讓我費解，我沒有這些數據的背景，令我難以判斷這些數據代表他的表現是優秀或平庸。

有兩個例子我特別記得，有一個我曾輔導過的大學生，他寫了類似以下的一個項目：

- Raised 5K for X Student Association's ABC project.

這是我在學生中常見的，他已經寫得不錯，已經做對了兩點 —— 果敢地舉出他集資成功（Raised），還有量化的數據支持（5K）。

問題是，5K 是多還是少呢？在工作上 5K 是個頗少的集資數目，但在大學學生會活動方面，5K 是在平均值以上還是以下呢？於是我跟那學生深入一點了解，問他這集資是否成功，跟以往的類似活動如何比較？

原來 5K 是超越上年集資額度的 40%，也是學生會歷年來最高的集資額度，一個非常成功的創舉。簡單地說「Raised 5K」並沒有反映出它是一個可觀的成就，因為面試官沒有這些背景資料可供參考比較。所以我幫他把這項目改寫為：

- 40% yoy increase in funds raised for X Student Association's ABC project; highest funds (total 5K) ever raised in history of X Student Association.

它比之前那個寫法強力得多了：

- Raised 5K for X Student Association's ABC project.

另一個例子是我在高盛的舊同事，他是一位交易員，找我幫忙改善他的履歷表。高盛是他第一份工作，他希望找到一份值得他離開高盛的工作。我看過他的履歷表之後，發覺他並沒有列出自己在最近期的崗位上有甚麼建樹。跟他細談之後，原來那一年交易部門的業績不好，他負責的賬目從年初到現在，只有 1 至 2% 的增長，看來不是一個值得炫耀的數字。

我沒有就此放棄，繼續向他查問。那麼跟去年同期比較又怎樣？原來是較少了。跟歷史數據比較？還是偏低等等。直到我問他跟行業上的指標或其他競爭者如何比較？

原來那年整體市場的表現都很差，其他競爭對手普遍都有 10% 的減縮，有些更有更大的虧損。那時有 -10% 的表現也不算太壞。在那個惡劣的市場環境，他和他的團隊做出逆市 1 至 2% 增長的佳績，其實是一個了不起的成就。這一點可以在履歷表上表明。

在我多年從事培訓的經驗裏，不論是剛畢業的學生還是擁有超過 20 年工作經驗的資深員工，我從未試過找不到在履歷表上可以表揚的成就。雖然很多時大部分人都需要我和他們詳細討論過後，才找到可以彰顯的功績。所以在你編寫你的成就時，也許沒有像我這樣的人

在身邊跟你探究，但請謹記，你一定有一些成就建樹或業績可以寫出來，你只需要把它們找出來。（除非你刻意在人生、學業事業都毫不進取、一事無成，那麼你大概也不會看我這本書了。）請你像我一樣向自己多提問，看看會想到些甚麼。

•• Lesson 12 ••
令人又愛又恨的附信

若你很想得到這份工作，
請用力在附信裏表現出來！

　　容我在這裏坦白説，我提過我其實不喜歡申報工作空缺，它需要付出一定的努力才能做得好。求職過程裏有各項準備功夫，當中我最不喜歡的是編寫附信（Cover letter）。

　　求職的過程有點像尋寶，而你擁有一幅藏寶圖，裏面畫有清晰的地標和路線，但你要付出一定的努力和時間來走完這條路。我既然已經擁有這幅藏寶圖，我就不會捨棄它而自己亂碰亂走來嘗試另闢新路。附信就像這段路最險要的部分，需要格外用心和策略才能順利走過。

　　之前提過關鍵之一是要為每份申報的工作度身訂做一份履歷表。其實除了履歷表（Resume）之外，還有附信（Cover letter）和個人描述概要（Profile summary）。為每份申報的工作度身訂做編寫這三份文件的難度分別為，由最難到最易：

最難編寫

附信 Cover letter		個人的描述概要 Profile summary		履歷表 Resume

最易編寫

比較這三份文件，透過故事敘述來（表現出你的性格、獨特性、讓面試官認識你）展示的難度為：

在附信裏編寫一個獨特的故事來推銷你自己，遠較在履歷表裏難得多。附信雖然比較靈活，讓你有更多的創作空間，可是這樣也是危機四伏，犯錯的機會也更多。

履歷表基本上是一份清單，你以列點的形式，透過策略地運用關鍵字，表揚自己的成就和業績，再加上細心設計的格式，盡力影響面試官。面試官有一定的想像空間來思考她的結論，所以就算你沒有完全吻合面試官的清單，你也有機會因為夠接近她的要求而順利過關，進入下一輪的篩選。

附信是一個有 3 至 4 段落的文件，讓你總括工作或學習經驗裏的精粹，並說出一個關於你的故事來說明你是一個怎樣的人，從而吻合面試官清單裏的選項。這是一個寶貴的表現機會，把面試官的注意力聚焦在你想她留意的地方。這也有一定的風險，你在附信裏寫的東西如果偏離了面試官想要的，落差便會非常明顯。

如同履歷表一樣，在附信裏寫錯了東西會讓你的申請馬上失敗。有一種錯誤是你在履歷表上絕不可以犯的，可是我卻多次收到這樣的求職的附信。

- My dream is to work for Morgan Stanley.
- I am writing to apply for a position with JP Morgan.

如果你寫這樣的附信給我，謝謝你讓我的工作變得輕易。這裏是高盛（Goldman Sachs），這些附信連履歷表可以馬上放進「叮」的那一疊。

如果我是你的朋友，我當然會明白你會同時申報多份工作空缺，我也會體諒你為了申報工作，努力編寫多份履歷表和附信，也許很疲憊不堪和經歷很大的壓力，犯了這個容易犯的複製錯誤，實在是一個無心之失。但我不是你的朋友，我是面試官，在篩選履歷表的階段，尤其是在痛下決心的初期，我是一心一意的想剔走那些不合格的履歷表。

關於附信，另一樣令我心情變壞的是它明顯不是針對這空缺而寫的。如果我覺得這附信沒有提及面試官關心的事情，那麼這是浪費了我的時間。倘若你很想得到這份工作，請你在附信裏表現出來，令它值得我花時間看。問題是，附信應該比履歷表更有針對性地銷售你自己，你有數個段落的空間來說出你的故事，那你應該說的是哪個故事呢？應該強調那個清單上的項目呢？

要度身訂做一份貼近面試官心思的附信，你需要時間、精力和策略，而不單是聚焦在關鍵字的運用。履歷表是你一頁的列點和關鍵字組成的對你自己的推銷，附信是你一頁的用段落形式構成一個獨一無二的故事來推銷自己。

那麼一封好的附信是怎樣的呢？

—— 用途 ——

☑ DO：推銷你自己

☒ DON'T：重複履歷表上的描述（因為我剛看過你的履歷表了。）

—— 長度 ——

☑ DO：3 至 4 段落，維持在半頁至三分之二頁之間。

☒ DON'T：寫一封冗長的信。你只需要說出足夠的東西，令她們對你感興趣，想了解你多些而邀請你前來面試。

—— 內容 ——

☑ DO：

你的故事：印證你想展現的你清單上重要的項目

原由：你為何對這機構和這份工作有興趣，可以提及你熱衷的東西、你的興趣，它們為何對你有意義。

增值：你能如何運用你的技能和過往的經驗等等，對公司作出貢獻。

☒ DON'T：

毫無根據地宣稱自己有甚麼動聽的長處或優點，例如：

• I am a top performer with strong leadership and communication skills.

你說出自己的優點時，需要提出證據支持。

附信這樣寫

這是一封真實的附信，我得到作者的批准在這裏引用，他是我曾輔導過的學生（作者的身份等訊息是用虛構的名字代替）。雖然這例子較我一般推薦的附信長度更長，段落的數目也較多，但它依然是一個附信的不錯的例子，這是我修改前的版本。（收信人／公司抬頭在此省略）

JOHN WANG

(852) 8888 8888 | john.wang@email.com

Nov. 2, 2018

Dear Mr. Chan,

I would like to apply for the Treasury and Trade Solutions, Summer Associate position offered by Bank. I am strongly attracted to a career in transaction banking because I truly value the international nature of this business and the exposure this would give me. Bank is a pioneer in providing treasury and trades solutions, well known for its industry leading innovations such as Direct Bank and eApplication. When attending the info session held on our campus I have noticed how friendly, enthusiastic and passionate about client needs the firm's representatives were. I believe that the communication, time management, and interpersonal skills I have developed over the years interface with Bank's values and expectations, making me a good fit for the position.

Four years ago I came to Germany, having no previous exposure to the culture or the expectations of the professional world. It had been truly a steep learning curve. However, my flexibility, inquisitive nature and perseverance have helped

---

me adjust, integrate and gain valuable experiences. In my International Trainee role at German Bank, I have matured my communication and interpersonal skills by working with people of different functions, of different levels, and from different cultures. I especially enjoyed implementing treasury management systems and providing training to my colleagues at subsidiaries in Europe and Asia. Noticing that colleagues in smaller subsidiaries often do not receive the same standard of training, I took the initiative to develop customized training materials to help them reinforce and improve treasury related knowledge.

I have constantly challenged my time management skills in my Corporate Controlling role. Every month I strived to provide critical analysis of subsidiary performance to senior management while staying within the acceptable time frame. The fact that I was able to efficiently and accurately assess monthly performance of 50 subsidiaries by incorporating macroeconomic and political trends has earned me special recognition from my teammates and manager.

In the first year of my MBA program, I have the opportunity to apply my leadership skills in the role of CFO of General Management Club by organizing events for MBA students and alumni. I make constant use of my interpersonal and teamwork skills when bringing my team mates together to solve any outstanding issues. Creating an environment where both my team mates and I can cooperate to add value to our experience has challenged my interpersonal and teamwork skills and provide a new opportunity to learn and grow.

I look forward to the opportunity to discussing my qualifications further in an interview. Thank you for your time and consideration.

Sincerely,

John Wang

我通常提議有 3 至 4 段的篇幅，大致上有以下的結構：

頁首

　　頁首不是一定要有的東西，但我個人傾向利用頁首把附信營造出一個視覺上的結構性。我會提議你選用跟履歷表頁首一樣的格式，雖然這也不是一個硬性規定。

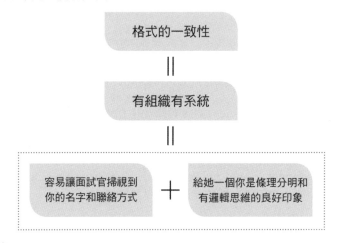

開端

　　用 Dear 來對對方作出尊稱。在附信上還是用上正式（formal）的稱謂，比用非正式（casual）的較安全穩當。

　　另外，稱呼對方為 Mr. / Ms. Chan，如果你不清楚對方的性別，你可以寫出對方的全名，例：Dear Chris Chan。

　　但是，請盡可能找出面試官的名稱，有時你可以透過網上或朋輩網絡的資源來找到，如果你沒有對方的確實名稱，你可以把收信人的職銜寫出來，例：Dear Human Resources Manager 或 Dear Hiring Manager。這總較 Dear Sir or Madame 或 To Whom It May Concern 等太籠統的寫法優勝，即使你不知道誰是閱信的對象。

第一段

請寫上你申報的工作崗位。如果你是學生的話，請包含你就讀的學校、學位課程名稱，以及你是課程裏哪一年的學生（I am a first year MBA student at ABC University graduating in 2019）、在哪年畢業（I am an MBA student at ABC University graduating in 2019）。這是很重要，因為針對某個暑期工作或對剛畢業的學生招聘，學生在哪年畢業或在就讀課程中的哪一年，是會決定他能否被納入考慮之列。

如果你是在職人士，同樣地你可以寫上少許關於你現在工作或事業的東西，如果它能吻合面試官的清單則最好。這些東西可以是你現時的職銜、事業發展的簡短說明、擁有相關工作經驗或專業的年數，總而言之，你要帶出你最大的賣點。例如：I am a Digital Marketing Executive with 5 years' experience promoting luxury brands in Asia.

用 1 至 2 句解釋你為何對這空缺有興趣，及為何你覺得自己適合這工作或你能為公司作出怎樣的貢獻。第一段如果能縮短至約 3 行便最理想。

第二段和第三段

請強調你的經驗、技能、特徵，令你成為一個具吸引力的求職者。提供適量的細節作為以上的理據，如可以的話，利用列點式來列出你的成就作為理據，而關鍵是要經過篩選，列出的重點完全是面試官所需要的，否則，維持用段落的格式也可。

加插一個故事，讓面試官會體會到你是一個怎樣的人，工作方面你是一個怎樣的同僚。分享你對這職位的熱情，或為何這份工作對你有意義或如何啟發你。

以上的例子，如果能濃縮為兩個段落就最理想了。你只要突顯某些重點，提升面試官對你的興趣，而不是要全盤托出。

最後一段

重申你對這空缺的興趣和你是合適的人選，道出你想得到面試的機會。也要答謝對方花時間和精力考慮你的申請。

結尾

以 Sincerely、Regards 或 Best Regards 來作結尾祝福。如果你沒有在首頁列出你的聯絡方式（電話及電郵），那麼你在署名下面便要清楚列出。

剛才附信的例子引證了一點，有時不完全遵守這些規則也可以做得很好。由於 John 能成功命中面試官的清單，即使他的附信長度不夠標準，但他令面試官有興趣閱讀附信，所以他最終得到面試機會。

以上關於每段應該寫甚麼東西的規則，其實不需墨守成規，它們只是一些指南，你應視乎情況，靈活善用關於你的訊息，選擇地寫進附信當中。本章之前也提到，附信的目的是要選擇性地強調你的賣點，即一些吻合面試官 Must Have 清單和 Nice to Have 清單上的東西。你只需明白這遊戲的規則和道理，你就會知道應該如何取材，如何在附信裏述說你想說的故事。

以下展示我改寫 John 的附信的版本：

JOHN WANG

(852) 8888 8888 | john.wang@email.com

Nov. 2, 2018

Dear Mr. Chan,

I am writing to express my interest in the Treasury and Trade Solutions, Summer Associate position offered by Bank. I am strongly attracted to a career in transaction banking because I truly value the international nature of this business. Bank is a pioneer in providing treasury and trades solutions, well known for its industry leading innovations such as Direct Bank and eApplication. When attending the info session held on our campus I have noticed how friendly, enthusiastic and passionate about client needs the firm's representatives were.

Four years ago I came to Germany, having no previous exposure to the culture or expectations of the professional world. It has been a steep learning curve. My flexibility, inquisitive nature and perseverance have helped me adjust, integrate and gain valuable experiences:

- Communication & Interpersonal skills: Worked with people of different functions and levels across Europe and Asia to implement & provide training in treasury management systems as International Trainee at German Bank.

- Time Management & Analytical Skills: Assessed monthly performance of 50 subsidiaries by incorporating macroeconomic and political trends, earned special recognition from teammates and manager as part of the Corporate Controller team of German Bank

- Leadership & Teamwork skills: As CFO of General Management Club, organized events for MBA students and alumni.

I believe that the communication, time management, and interpersonal skills I have developed over the years match with Bank's values and expectations, making me a good fit for this position. I look forward to the opportunity to discussing my qualifications further in an interview. Thank you for your time and consideration.

Sincerely,

John Wang

MBA class of 2019, University

這是一個比較標準而有效的附信例子。

我在他署名下加上了他 MBA 的學位和畢業年份，因為首段已經太長了。

如果你有信心的話，可以試圖提升到另一個層次，棄用一個行政式的標準開頭，而嘗試以一個更有衝擊力的句子開始你的附信，例如：

- Ever since the first time I made my first deposit in my savings account, I have been enthralled by the world of transaction banking.

又或針對銷售性的工作

- In my previous role as Sales Manager for XYZ company, I exceeded sales targets by 10% for 3 years running.

回到 John 的故事，他運用了好的策略，付出了他在附信和履歷表方面的同樣的努力來應付面試，令他的申請有一個美好的結局。

John 得到面試的機會，並成功取得那工作機會，到今天還任職他那夢寐以求的工作。

最後我想與你分享的是，如果面試官對你的履歷表某些地方可能會產生疑慮，附信則是一個提供解釋來消除她的困惑的好地方，不會讓那些顧慮令你喪失面試的機會。

有一次我收到一位 B grade 的學生的求職信。B grade 其實也不錯，不過求職的學生實在太多，我們通常只考慮 A grade 的學生。我心裏在準備捨棄他的申請，他的附信卻讓我停下來。他大概寫着：

- I know my grades may not be as strong as other candidates. However, this is because I have spent a lot of time on extra-curricular activities. I believe this makes me an even stronger candidate because I have better leadership, communication, teamwork and time management skills.

我想想也覺得他這個説法很有道理，再看看他履歷表上列出的課外活動，決定讓他進入下一輪的篩選。最後他面試成功並贏取到那工作機會。

當然如果你的弱點並不明顯，我不建議你在附信上強調它。但如果有些明顯的因素，可能會令你較難以被選入下一輪的篩選，那麼附信是一個好機會，也許是你唯一的機會，申明你的理據來改變面試官的想法，而不把你馬上剔除。

•• Lesson 13 ••
你不是無力和被動的

如何以履歷表左右大局？

　　在下一章探討如何在面試上有卓越的表現之前，我想提出一個重要的理念 ── 你並不是無能為力地任由面試官擺佈，你其實有一個根本的優勢，因為面試官會憑着履歷表的內容來發問，所以你有能力透過控制履歷表的內容，即決定包含甚麼和不包含甚麼，履歷表裏強調甚麼，來主導面試進行的方向。

　　這包括之前提到的成就和業績，也可以是你的興趣，你曾修讀過的課程等等，都可以用來引導面試官。所以編寫履歷表既需要高度的策略，也需要一定的創意。履歷表是你影響面試官會問你甚麼問題的第一道手段。

　　但正因如此，你在履歷表上的任何東西，都可以成為面試官提問的話題。我認識一位面試官，當她遇到有求職者把閱讀興趣寫進履歷表上，她一定會像猛獸遇到獵物一樣，尋根究底絕不放過。她是一位飽讀詩書亦有超強記憶力的人。她愛問：「你看過的所有書籍當中，最喜歡哪本書？」你的答案多數會是她曾閱讀過的，於是她就繼續問你

那書的內容或其他細節，你答得不好的時候，她會懷疑閱讀是否是你真正的興趣，從而引伸到懷疑你在履歷表上是否誠實。

另一位我在進行院校招聘時認識的面試官，我和他一起對學生進行面試，我發覺他喜歡問及課程的內容（例：財務模型 financial modelling），有些學生能流利作答，有些卻支吾以對。答得不好的學生會被他淘汰，為甚麼呢？他的想法是，他們既然在履歷表上列出跟當前工作空缺有關的課程，説明他們有修讀那些課，所以他考問那些課程裏的核心內容是順理成章的事。如果學生們對當中基本的概念認識不夠，這意味着他們可能不夠聰明，或上課沒有留心，或他對這工作或所在的行業，根本沒有足夠的熱情和認知。

如果你仍在求學的時期，面試官卻要求你記得一年前上過的課的內容，你可能會覺得這有點強人所難，你未有機會實踐在院校裏學到的知識，What we don't use, we lose。我亦鼓勵沒有工作經驗的求職者列舉和職位相關的修讀過的課程，因為課程的名稱容易吻合工作要求的技術性的關鍵字，也證明你具備所需的學識。但這些課程一旦列在履歷表上，就有機會被面試官提問，面試官問得深入一點也是合理的做法，所以你需要確保你能流利地説出那些課程箇中的要素，不要讓她覺得你修讀了一個課程卻甚麼也學不到。

同樣道理，如果你寫上你的興趣，那興趣應是你現在還持續在做的事。譬如説，你履歷表上的興趣欄寫上爬山，但當我問及你最近到過哪兒爬山？最喜歡的地點等，才發現你最近一次是兩年之前，或你太忙碌而沒有再去了。嚴格來説，雖然你並沒有説謊，但我總感到你在履歷表上寫的東西不是完全誠實，你連興趣的部分都不能讓我安心信服，那麼我是不是要對你學歷和工作經驗的其他部分也應抱持一分懷疑呢？

我提過履歷表的目的是要讓你贏取面試的機會，但其實這不是唯一目標。你的確是要透過履歷表的設計，迎合她清單裏的選項，對她帶來衝擊和影響，讓她對你感興趣，把你的履歷表放進「下一輪」的一疊。

　　與此同時，你其實可以擔當一個主導的角色，透過履歷表，帶領她在進行面試的時候如何取材，引導她問你想她問到的問題。正因如此，你要對履歷表上的所有內容負責，它們都可能成為面試官提問的題材，而你都必需能有所準備，對答如流，不要製造任何機會讓她懷疑你的誠信。

CHAPTER
3

在面試中脫穎而出

•• Lesson 14 ••
注定失敗的做法

過多的公式化標準答案，
只會局限你大腦的運作。

　　你在履歷表上的努力沒有白費，現在你收到了面試的邀請，成功在望了！但這只是踏出了第一步，你有機會和面試官見面，大顯身手。回到約會的比喻，你心儀的對象被你成功吸引，對你產生興趣而願意赴約，你希望在第一次約會能和她共渡美好的時光，然後可以有第二次約會，你們慢慢加深對彼此的認識，直到最後她會選擇你為結婚的對象，這個結果好比找工作成功，你最終獲得聘用。那麼，現在要怎樣做呢？

　　我授課時都會詢問學生們如何準備面試。他們的答案都大同小異，總是環繞着以下數點：

- 透過互聯網調研應徵的公司和所屬的行業
- 透過公司的網頁加深對該機構的認知
- 閱讀公司的年報
- 透過自己的人事網絡取得相關的資訊和建議
- 透過網上求職的討論區，試圖了解公司應徵時常提問的面試問題
- 進行模擬面試，針對假設的面試問題準備好答案

愈是有經驗或愈有技巧的求職者，就愈會做足以上的各項準備功夫。可惜，這卻是注定失敗的做法。

　　也許你讀到這裏會感到有點迷失，並懷疑我的說法和思路。不是每天都有人透過這清單上的做法，成功取得聘書嗎？問題到底在哪裏呢？

　　最關鍵的敗筆其實是在最後的一項 —— 練習對答模擬面試問題。儘管這的確是大部分應徵者的策略，甚至是那些缺乏經驗的求職者最典型的做法和整套應徵策略的重心。我遇到一些求職者甚至沒有好好研讀公司的網站（僱主們給我的反饋引證了這點），卻一定會準備模擬的面試問題和標準答案。

　　模擬面試問題和練習作答本身並無不妥，它也確實是準備工作的一部分。關鍵是做這一步的適當時機。

　　當你過早準備模擬面試問題的時候，你其實在訓練自己的腦袋，對自己在某些前設之下的特定的具體問題作答。到實際面試的時候，如果面試官的發問，和你事先設想的問題有 20%、30%，甚至乎有超過 50% 的偏差，你又不能答非所問，那怎辦呢？

　　當你在準備面試時過早強記你製作的標準答案，會不經意地局限着你的大腦只針對着那些模擬的問題。當面試官的提問偏離你預備的模擬問題之外，你的腦袋便很可能會進入一個恐慌的狀態，無言而對，因你對她這一條問題沒有準備。

　　我不是提議你在準備面試時不設想出面試官的模擬問題，我只是想你把這步放在最後的準備功夫，而不是在此刻進行。

　　你還記得你第一次演講的經驗嗎？我記得在小學的時候，被校方

選為畢業典禮上致告別辭的學生代表。那時老師指導我把準備說的講詞寫下來。在 PowerPoint 還未出現的年代，講者會把講詞寫在小小的卡紙上，帶着上講台，在演講時會看着它們來演說，但又要顯得自然而不是在閱讀稿件。説完一張卡內的講詞便把它靜靜地丟在講台下面或藏在那疊卡的最底。

我還記得我戰戰兢兢地抓緊那疊紙卡，心裏期望演講能順利進行，幸好那次演說沒有意外。那次不是我在中小學時期唯一的演講機會，有一次我在看紙卡和與觀眾保持眼神接觸之間亂了節奏，於是出現了恐慌情緒，令到本來就有點懼怕公開演說的我更緊張不安。

很多人都鼓勵把講詞強記和寫在紙卡上的這個做法，但我見過太多的講者在演講中途錯亂了，這是顯而易見的，因為他們面上流露出恐慌情緒，張開的嘴巴時最多只能發出：「嗯、啊」等支吾以對的聲響，接着便開始咬字不清模糊地繼續講説，試圖掩飾他們的錯亂，同時尷尬地在紙卡上搜索出應該要接下來説的話。我也發生過這樣的情況，當時唯有即興地講説，直至我在紙卡上找回我應該要接下來説的位置。相信我，這是一個慘不忍睹的場景。

當你強記的時候，你為自己製造了一個容易失敗的機會，因為你有可能會忘記你的講詞，而當你忘記了應該説甚麼的時候，你會變得不知所措，更緊張和恐慌。最壞的情況是，這緊張的情緒會令人腦海一片空白。

面試和演講也一樣，你模擬的標準答案其實是你的「迷你演説」。當你在作答時忘記了之前強記背誦的答案，你只有兩個選擇，一是你胡扯些東西，試圖表現出你還是很清楚自己在説甚麼；又或你在忘記要説甚麼時尷尬地停下來。這兩個做法在面試中都不理想。

面試時背誦強記的答案的做法，有 3 個主要的弊端：

1. 你作答會顯得生硬不自然。
2. 你遇到沒有準備過的面試問題時，你會無法處理。（更壞的可能性是，因此而觸發出你恐慌的緊張反應。）
3. 你顯得在自說自話，不是全程投入與面試官的溝通，沒有隨着面試的進展而調整你的答案。

在你做的調研和面試模擬問題之間，其實還有重要的一步。那就是你要訓練你的腦袋，讓它能應付任何問題，意即你掌握到無論面試官提出甚麼問題，你都能以最佳的應對策略來回應。那就是之前提到的 DaCAMMS©。

我知道我們已在 Lesson 3 討論過 DaCAMMS©，但我從多年從事培訓和輔導的工作當中，我也知道就算對方如何同意我的意見，也不是每一個人都能全面執行，實踐 DaCAMMS© 的確是要花上很多的功夫。

我想在這裏坦白交代一下，我以前尋找工作的時候，我其實會先做履歷表的準備，然後到準備面試時才回到 DaCAMMS©，這對我來說較有效率，而我能夠跳過 DaCAMMS© 這一步便編寫我的履歷表，因為我善於分析空缺的招聘廣告和對我自己十分了解。透過我對面試官的要求和我能帶來甚麼價值的理解，已足夠能讓我編寫一份能取得面試機會的履歷表，但大部分人都需要循序漸進，所以如果你沒有到這個水平或沒有像我這樣的專家協助你的話，你還是在編寫履歷表之前，先做好 DaCAMMS© 的功夫。

如果你已完成了 DaCAMMS© 的工作的話，是時候拿出你的筆記回顧一下了：

- 面試官的清單是甚麼？
- 清單上的優先次序是如何排列的？
- 你擁有哪些必要的 Must Have 選項？又有哪些 Nice to Have 選項？
- 你在哪方面和這清單吻合，在哪方面有落差？
- 有甚麼故事能引證你確有面試官想的特質（過往的表現往往是未來表現的最佳預測），令到你這些強項聽來不是沒有根據的主張？
- 有甚麼關鍵字你應該在面試上多運用？

如果你有以上這些問題的答案來作為你準備面試的基礎，那麼，你就毋須強記標準答案，因為你已經有了根本的策略來靈活應對。

要讓你的腦袋有充分的靈活性來面對任何可能出現的問題，本書有三部曲。DaCAMMS© 是第一部分。我們來看看餘下的兩部分。

•• Lesson 15 ••
不要只回答面試官的表面問題

想清楚提問者
到底真正想要的是甚麼？

　　真正成功通過面試的關鍵，是要對任何可能出現的問題，都有充分和正確的準備。要做到這一點，就要明白問題背後的問題。

　　我這樣說是甚麼意思呢？當一個女生問她的男友或丈夫：「我胖了嗎？」如果換上是你的話，你會怎樣回應呢？我在課堂上詢問大家的時候，男生都會說：「如果我答『是』，一定會招惹很大的不滿和麻煩。」但如果這位女生得到的回應是『不是』，她很可能會繼續追問下去，例如：「你肯定嗎？我體重真的比前重了，穿這件時真的很胖。」

　　如果她想要的不是一個老實的答案，但又對你善意的謊言感到不滿意，那麼她作出這些提問，到底真正想要的是甚麼呢？

　　其實她真正的用意，是希望你能讓她知道，就算她外表沒以前般吸引，你依然會深愛她。她想得到的回覆，是你接受她的全部，你愛現在的她。所以如果你給她的回覆不只是一個簡單的「是」或「不是」，而是帶着愛和誠意說：「親愛的，妳很美麗，妳在我眼裏永遠都

是完美的，所以我愛妳始終如一。」之類的説話，她應該不會繼續追問下去。

這就是每個表面的問題，背後其實還有一個真正的、本質上的問題的意思。那個真正的問題，和提問人的憂慮和欲求有直接的關係。正如以上例子，她其實是心裏害怕你因為她變得沒有以前般吸引而減低對她的鍾愛。她真正的欲求，是希望你無論她外表如何改變都一直繼續愛她。她期盼的是你能給她一個讓她安心的回應（這説法當然也有例外，有些情況是女生真的純粹想知道自己有沒有胖了）。

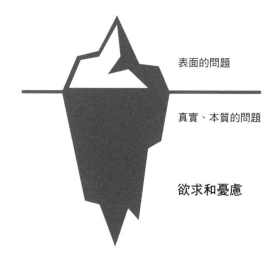

表面的問題

真實、本質的問題

欲求和憂慮

這正是針對每一個面試問題的處理手法，你需要了解面試官內在的動機、憂慮和欲求。你需要超越問題字面上的意思，解讀她真正的心思和想法，掌握那問題背後的真正問題。從而，排解她可能產生的顧慮，滿足她內心真正的欲求。那些在字面上沒有明顯表達出來的東西，卻是她真正關懷真正在乎的事情，你要回應的就是這些。這方法會讓你對任何面試問題都能應付自如並出色到位地回答。

所以從今以後，面試官向你提問的時候，請你在設想如何作答之前，你問問自己以下 3 個問題，來引導你看出她問題背後的問題。

1. 她其實想問甚麼事情？（問題的根本）
2. 為何她想知道這些？（她的欲求）
3. 她害怕甚麼？（她的憂慮）

利用你對面試官清單的認知，和你如何吻合它的理解，在之前準備的故事中選擇一個最能回應她問題背後的問題。你也要記得準備好不同的故事來說明你履歷表上所有東西。

我們現在討論過 DaCAMMS© 和「問題背後的問題」這兩個重要的策略，最後，我們談談本書最後的一個面試策略，就是明白面試問題的通性和本質，有了它，你便能完善你的整套策略。

•• Lesson 16 ••
如何對任何面試問題都能有所準備

面試就像網球賽，
挑戰迎面而來，你要爽快回擊。

你已經訓練了 DaCAMMS© 技巧來掌握面試官的思維，明白她的欲求和憂慮，現在的你其實已經站在很有利的位置上了。但是在面試的時候，這一切都會塞滿了你的腦袋，還要加上臨場的情緒因素，例如擔心面試表現欠佳或求職失敗而感到焦慮，這些情緒無助於你面試表現。

如果能把事情簡化，把面試過程和其中可以出現的狀況變得易於掌握，就可以避免我們的腦袋認知超載。幸好，的確有很好的方式，讓我們總括不同類型的面試問題，簡化它們讓大家容易明白。

以我多年的經驗，我留意到絕大部分的面試問題，都可以歸納為以下 6 大類型：

我認為面試就像一場網球賽事，每一條面試官向你提出的問題都像網球一樣迎面而來，而你需要把它打回面試官所在的對面球場。面試也像電子遊戲，你需要取得足夠的積分來贏取最終勝利，那我們看看如何贏這個遊戲吧。

1. 模糊的問題

這類問題的最佳例子是「請你介紹一下自己」的開場白。其他例子有：

- 我為甚麼要聘請你？
- 你為甚麼想應徵這份工作？
- 請形容一下你的夢想職業。
- 甚麼是你至今最大的成就／挑戰／後悔？

雖然這些不同的問題都有個別的應對策略，但它們之間也有共同點。你有否留意到這些問題都有以下的共同特徵：

- 開放式提問

- 沒有明顯的正確或錯誤答案，答案是因人而異

- 問題的本質是較籠統和具普遍性的，並不是針對某一位應徵者或某一份履歷表而提問

很多面試官在她準備的多條問題裏，都有一條或兩條特別愛用的模糊問題，而在對不同的應徵者時她們都會特意地問及。大部分的應徵者應對這類問題的表現都只屬一般，他們的回應大多在意料之內，沒有新意，也不能因此為面試加分。

有些面試官會十分在意應徵者如何回應這些模糊問題，這些問題可能是她最愛使用的，又或答案往往能反映出應徵者的性格，而應徵者的性格對她來說非常重要。亦有面試官提問這些模糊問題只是為了破冰和打開話題，並不是很在乎你的回答。不要在這簡單的問題上被扣分，這樣會很不值得。

真正的問題是，為何面試官要問這些問題？ 她們在尋找甚麼，害怕甚麼？ 她們可能有以下的目的：

1. **為了比較不同的應徵者**

    避免作出如大部分人都會作的沉悶而安全的回應。加上一些獨一無二的個人因素，令到你的回答與別不同。它應該突顯你能為公司和團隊做些甚麼，或強調如何因為你獨特的地方，而令你對這工作有特別的興趣和熱情。合適的話，用上故事描述。

2. 看看他是否會說錯

我遇到過一些應徵者，他們的回答和我的清單有矛盾，使我能快捷地淘汰了他。透過完善的 DaCAMMS© 準備功夫，避免在這問題上失分，集中在你和面試官清單上吻合的地方作答。

3. 尋找寶物

有人會因此分享了自己的好故事，令我眼前一亮，一般履歷表不會引導我去問這些故事，若然沒有這些模糊的問題作為引子，就不會自然地出現這些幫他加分的故事。你可以隨意作答，突顯一些你的賣點，有甚麼東西你在履歷表上未能有效地展現的呢？有甚麼東西你可以強調，讓你在眾多應徵者之中脫穎而出？

4. 探索並感受一下應徵者是一個怎樣的人

面試官希望進一步認識你，了解你的夢想和野心。她想知道你是否公司想要的那種人，是否同事們希望能日復一日一起共事的隊友。不要害怕說出比較個人化的事情，藉着分享一些你對事情的看法、感受，讓面試官能洞悉你是一個怎樣的人，讓她覺得她能接觸到真正的你；她愈能了解你，就愈傾向相信你面試時說的話，愈覺得你是一位低風險的應徵者。

5. 只是填滿時間而問的問題

當她在面試中問完了具體的問題，還有剩餘的時間，便會利用這些模糊的問題來打發時間。

要出色地回應模糊問題，你要聚焦在你和公司的價值觀和文化如何吻合。那麼，你便要清楚理解一間公司的價值觀，你可以仔細地審閱公司網站。無論那公司能否成功地實踐它理想中的文化與否，她們

都會把理想中的公司文化放上公司網站。所以要在網站上留意關於公司的價值觀的描述、公司的使命宣言、公司倡議的措施和活動。如果她們有一個招聘的專頁的話，它會充滿着關於公司的價值觀的資訊，因為那是她們用以吸引合適的人才進公司任職的推廣平台。

明顯地，這些看似容易應付的模糊問題，其實是很難答得出色。容易是因為你可以隨你的意思來作答，難的地方也是因為你可以隨你的意思作答。那麼，怎樣處理這類問題才是最好的呢？

一般來說，面試官在模糊問題上希望能見到的好答案，包括以下幾點：

- **你的性格跟職位、團隊和公司的文化相符**：包括價值觀、態度、思維、野心，也包括面試官自己的價值觀。
- **你對這工作、公司和行業的興趣和熱情**：對你來說，這工作究竟會被你視為只是一份謀生的工作，還是這工作有些元素是令你非常熱衷的呢？你對這職位的興趣，是否有堅實而充分的因由，還是你只是聽到朋輩和社會一般的看法，便認定了這是一個好的事業而對這職位產生興趣？
- **你對這工作、公司和行業，到底是否真的了解**：你有否因為對這職位的興趣而驅使你做足了調研的功夫，以及有足夠的智慧來分析這工作和自己是否適合，並從你的認知，可以想到自己在這崗位上的潛能，可以如何對自己的事業和公司業界都能作出貢獻？你是否很清晰地設想過，自己為何真的適合這空缺呢？

2. 假設性的邏輯問題

這是一題假設性的問題：今個週末是你外婆的 80 歲大壽，全家人都會飛到加拿大為她慶祝，此時你的上司要求你在週末加班，以趕及在下週一完成一個重要的提案。你會如何選擇？

一位經驗豐富的面試官會較少用假設性的問題，因為它會招來一個假設性的答案，未必能反映真實的情況。就好像一位女生問她的伴侶：「你是否永遠愛我？」對方的反應自然是肯定的，因為他知道若然他不這樣說一定會惹來麻煩。但到底真正坦白的答案是不是「不會」呢？就算對方對她是充滿愛意，他的回答雖然是一個肯定的：「是！」，但假以時日，實際情況又是否真的如此呢？

當我們想像會如何應對某一個處境的時候，我們會對自己的行為作出一些假設性的推想。但當真正身處那處境的時候，我們實際上的行為反應，很多時都會和我們之前預期的不一樣。我們可能比想像中更勇敢果斷，或更猶豫不決。在一些情緒緊張的情況，我們內心深處的那個真正的自己會接管對自己的控制，繼而令我們偏離了平時的行為。

所以當面試官向你提問一條假設性的問題時，你的回答並不一定可以用來預測將來真的處於那個假設的情境下，你的行為是怎樣的。更何況作為一個應徵者，你很可能會嘗試以你覺得面試官想聽到的東西來回應。那麼，對面試官來說怎樣的回答才是完美的答案呢？

答案是要視乎情況而定，要考慮公司和團隊的文化和那位面試官的個人價值觀。一所 A-type 的機構或在其任職的主管可能要求員工不論是甚麼情況都把工作放在第一位。我記得讀過一篇對某跨國公司總裁的訪問文章，他説他在面試時喜歡問類似的問題，而那些回答説家庭如何比工作重要的應徵者則不會獲取錄。另一間公司的文化可能會較重視員工的私人空間和希望員工會關心身邊的人，包括工作以外的家人。那麼，她們則可能不願意聘用一位選擇工作而放棄參加祖母 80 大壽的人作為同僚。

有一位曾在高盛任職的老朋友 Adam 跟我分享了他的故事，他説在初入職的第一個年終表現評估，其上司 James 對他説那番説話現在依然記得。James 讚揚 Adam 有好的判斷力，特別舉出一個例子，曾有一個星期 Adam 每天都因為項目的問題而工作到深夜，到了星期五還未完全解決，Adam 察覺到太太有點不高興，於是跟 James 説他那天決定早些回家陪伴太太和家人。James 覺得這是判斷力強的表現，他還進一步解釋給 Adam 聽。

James 告訴 Adam，當初聘用他的時候是抱着一個長遠的考慮，是希望 Adam 將來為公司作出更大的貢獻；而要能在高盛有一個可持續的長遠的事業發展，員工必須有足夠的判斷力，並能平衡工作和家庭的需要。James 結尾還説將來 Adam 還有很多類似的機會需要作出判斷和取捨。之後，Adam 果然也在公司服務了近 20 年。

所以要為這類問題作出所謂「正確」的答案，你必須做好調研功夫，盡可能了解那公司、團隊、面試官、招聘部門主管的文化和價值觀。但是你又要想想，如果那「正確」的答案違背你內心的真實答案，這份工作和這間公司，是不是真的適合你呢？

還有一些假設性的問題，問的其實是你能力和行為方面的事情。例如：「如果你正在處理一個需要高層領導提出意見的項目，但他們沒有回覆你的電子郵件訊息，你將如何處理？」

其實這只是一條用詞不當的提問。較好的措詞可以是：「請你分享一個你真實的工作經驗，當你沒有得到相關人事的回覆，特別當他們是高級領導時。你曾怎樣處理這種情況？當時你預期結果會是甚麼？」

對應這類問題的最佳辦法，是以下面第 5 點關於「建基於能力的行為問題」的處理方法來應對。

3. 邏輯問題

我在從事院校招聘時，有遇到有面試官問這樣的問題：「美國有多少家電影院？」網上也有無限多題不同難度和不同程度的奇怪例子。

通常面試官不是真的想知道問題的正確答案，很多時她們自己也沒有正確答案，她們在乎的是你如何思考問題，你的思維邏輯有多強？你的分析能力如何？無論你知道答案與否，你務必要以清晰的邏輯，一步一步的解釋如何分析這問題。

「由 1 加到 100 的總和是甚麼？」這個問題可以是一個技術性的問題，算術的高手馬上能算出答案。究竟它是一條算術技術的問題還是一條邏輯上的問題，要視乎面試官的意向和她的清單。你需要能對此類的數字問題作出快速心算而勝任這工作嗎？還是這工作其實不用心算的能力，這只是一個針對應徵者的應變力測試。

有時，假設性的問題和邏輯問題都有一個共同的目的，就是要看

你能否面對壓力，即使一個人在面試時能否面對壓力和他在職時能否面對壓力，其實沒有直接的相關性，牽涉的元素也不同。無論如何，人們愛用這些問題來這樣考驗你，現在你知道箇中道理，所以你就毋須緊張，她們是故意的讓你感到壓力。

有一次，我遇到一個數學極佳的面試官，他在面試結束後馬上跟我說已找到了合適人選，可以給這位應徵者聘書，不用考慮其他應徵者和進入下一輪的篩選。我問他為何這麼肯定，他說雖然那位應徵者的答案是錯誤的，但她的回答充滿自信和冷靜，就是這一份淡定和自信的態度讓她贏取了這個職位。

為甚麼會是這樣的呢？因為數學的能力是在面試官清單上較低的位置，一個 Nice to Have 的選項，但在面對權威的時候仍能不卑不亢，充滿信心，冷靜應對卻是面試官 Must Have 清單上重要的選項。她在這工作崗位上要面對比她年長，主要是男性的外籍客戶，她需要充滿信心地面對這些要求高的客戶，而不會在壓力下退縮示弱。

面試官問的是由 1 到 100 這些數字的總和，但問題背後的問題是，你能否在壓力的環境下，或面對很高級的客戶代表，依然能保持冷靜？我認識一位面試官，他最喜歡的問題就是這一題，而他對所有應徵者都會因為這個目的而問這問題。只有掌握到面試官的清單，才能明白問題背後的真正問題是甚麼。

我從另一位朋友處聽到一個「問題背後的問題」的好例子。Julie 申請一份跨國銀行的亞洲營運部主管的空缺，會見她的是總行的 COO 首席營運官。他問 Julie 一條算術題：24x36 是甚麼？ Julie 的心算不好，便坦白說她不能算出答案，不過答案應該是 20x30=600 和

30x40=1200 之間。

後來 Julie 被取錄了，上班後不久有機會重遇這位總公司的 COO，於是好奇的 Julie 便問他面試時為何會突然問她算術題。他解釋說他大部分的時間都不在亞洲，對於公司亞洲業務的問題，全依賴亞洲區下屬的匯報，所以他想知道如果 Julie 將來遇到問題而在沒有答案的情況下，Julie 會不會胡扯或含糊地回答，還是坦白承認自己不知道。這算術題的背後，其實是一條關於誠實和品格的問題，所以 Julie 是漂亮地過了那一關。

4. 技術性問題

如果你被問到一條技術性問題，與 Must Have 清單上的知識技術條件有關，那麼，你就一定要回答正確的答案，最低限度，你要讓面試官感覺到你是有能力很快便學習到相關的知識來滿足工作上的需要。如果公司需要新入職的員工能馬上做到當前的工作，沒有空間讓新同事慢慢學習到所需的技能，或沒有空間冒險聘用一個學得不夠好的新員工，那麼你別無選擇地需要答出正確的答案才能通過面試。

譬如說，你申請一份與私募基金有關的工作，面試官問你如何對一間企業估價，她預期你是應該知道正確答案的。就正如你是申請一份司機的工作，你是應該擁有駕駛的技術知識，你不能不懂駕駛而勝任司機的工作。我想特別提起的是，如果你在履歷表上表明你擁有某些技術知識和經驗，你務必要在作答有關技術性問題的時候，展現出你擁有的技術知識到達她因應你背景而有所預期的程度。

5. 建基於能力的行為問題

|↵

　　幾年前 Heineken 公司做了一個模擬面試的公關項目，項目結束後是真的會給一位參與者一份工作。應徵者被放在一些罕見的場景裏，同事在應徵者不知情的情況下觀察他們真實的反應，例如應徵者被牽着手走進面試的房間，又或面試官突然暈倒，而整個過程會被錄影。（在此感謝黃家傑（Benjamin Wong）先生與我分享這麼有趣的短片，Benjamin 是一位資深的人力資源總監，我們同為一個亞洲區的人力資源培訓的業界會議的專題講者。）如果你在 Youtube 輸入 "Heineken - The Candidate" 的關鍵字搜索，你也可以找到這段短片。

　　在理想的世界裏，公司會模擬出不同的相關的場景讓應徵者去體驗，觀察他們真實的反應，從而評估他們的處事態度、溝通能力、同理心、情緒智能等。但現實世界裏，這個做法會耗用公司太多資源，所以你應該沒有機會體驗這樣的面試。

　　研究指出，一個人過往的行為，是他未來的表現的最佳預測。假設性的問題不是一個可靠的預測應徵者未來行為的方法，一位經驗豐富的面試官會集中提問關於工作能力和行為方面的面試問題，探討你在過往類似的處境如何反應，透過你描述過往的故事，預測你將來在新工作上遇到類似情況之下會有怎樣的表現。

　　與其提問假設性的問題，例如：「如果你必須與一個很難相處的人一起工作，你會如何處理？」

　　一位富經驗的面試官會情願提問一個行為方面的問題：「在你過往的經驗裏，請找出一次和難相處的人一起工作的經驗，你當時的角色是甚麼，出現了甚麼問題，你當時是如何處理它的，結果是如何？」

關於「建基於能力的行為面試」（Competency-based Behavioural Interviewing）的做法，Lesson 4 提及的 STAR 的技巧，針對這類型的問題尤其適合。

1. **情境**：故事的背景是怎樣的？請描述當時的處境或事件，和你要面對的難關。
2. **差事**：你當時希望達到的目的，或要完成的事情。
3. **行動**：你當時嘗試透過甚麼行動來達到你期望的目的，或你做了甚麼來完成你的差事？
4. **結果**：你的舉措帶來的效果，也即是你故事的結局。

如果你仔細研究剛才的行為問題，你可以對它有以下的分析：

- **情境和差事**：你那時的角色是甚麼？問題在哪裏？
- **行動**：你當時是怎樣處理？
- **結果**：後果如何？

我在 Lesson 4「講故事的妙用」當中亦分享了兩個例子，解釋如何透過 STAR 技巧來創造出你可以用來對應面試問題的個人故事。但 STAR 技巧還有其他要點：一個 Do 和一個 Don't 的東西。

　　以我多年研究面試官和應徵者如何進行面試的經驗，我對別人在這方面的失誤比較有較大的容忍度，因為我很清楚面試官和應徵者在面試的過程裏，雙方的內心在潛意識層面裏如何運作。但是有些地方卻依然令我難以接受，以下是其中一點：

　　⊠ DON'T：當面試官對你提問一條建基於能力的行為問題時，不要給一個假設性的答案！

　　大部分時候，你的面試官在提問一條行為問題時，她是很清晰知道自己在做甚麼，因為要問一條行為問題較提問一條假設性的問題需要多些心思。換句話説，她提問一條行為問題的時候，她是預期着一個有真實行為的回覆。假如你以一個假設性的答案回覆，這對面試官來説是一件有點忍受不了的事情。

　　類似以下的對答實在發生得太多了：

　　我：「請提供一個你如何處理分歧的例子。」

　　應徵者：「如果我的團隊裏有分歧，我會⋯⋯」

　　我：「多謝你的分享。但容我釐清我剛才的提問，我是想得悉一個你過往工作上遇到的具體的例子，理解你如何處理團隊裏的分歧，當時的情況是怎樣的？而你的角色是甚麼？你怎樣處理和效果如何？」

　　應徵者：「如果我的團隊裏有分歧，我會⋯⋯」

　　我：「讓我在這裏打斷你的回答，我想你還未明白我的提問。我是想聽到一個真實的例子，彰顯出你是如何處理團隊內的矛盾⋯⋯」

有時我需要問第 2 次，有時我會給他第 3 次的機會作答，有時那些應徵者最終會明白我的提問，但更多時他們會依然故我的繼續説同樣的回答。問題是，如果面試官放棄一條提問，而她問的東西其實在她 Must Have 清單之上，那麼這等於她放棄了你。

我也明白，在面試時可能很難留心聽對方的説話，你感到緊張，又處身於一個陌生的環境，面試亦可能以你母語以外的語言進行，或面試官帶着你不習慣的重口音。但無論如何，若你未能從你過往經驗裏提供一個真確具體的例子來回答行為方面的問題，你就等於沒有回答該問題。

我可以讓你更容易聽出那是不是行為方面的問題，以下是面試官提問此類問題的方式：

1. 談談……的時候
2. 給我一個……時候的例子
3. 描述……的時候
4. 告訴我一段經歷
5. 與我分享一個情況

☑ DO：當面試官向你提問一條行為問題的時候，你一定要給一個真正確實（真有其事）的例子！

我不會對在履歷表上或在面試時説謊的人作出批判，這是他基於道德感、價值觀以及在不同處境時作出的個人選擇。我只是想提出一點，冒着被識破的風險，值得嗎？

行為問題的好處，就是讓面試官容易發現對方有沒有説謊。面試官只需繼續深入提問事情的細節就行了。

有一次我為一位應徵者進行電話面試，我向他提出了一些標準的問題，包括剛才舉例的問題：

我：「請給我一個具體的實例，一個你在遇到團隊裏出現矛盾的時候，當時的情況是怎樣？而你扮演一個怎樣的角色？你如何處理這矛盾？結果又如何？」

應徵者給我一個他唸大學時的例子，他是學生會主席，對於學會資金的使用方法，在委員會裏出現不同的意見，他告訴我最後能成功地勸服同學們跟隨他的意思，聽上去很不錯。

於是我繼續問：「你可否多説一些，你是用甚麼辦法來令大家都改變初衷，同意你的主張呢？」

應徵者：「當然可以，我和每一位委員會委員同學逐一跟進，遊説他們，最後他們都同意我的想法。」

這樣聽來依然很好，他可能真的具備領導才能，擁有影響別人的能力，也許他是一個有説服力並善於溝通的人，很可能是一個好的領袖。但我直覺感到好像還是有些東西要弄清楚，我望一望時鐘，決定在離開此話題前再深入的多問一些。

我：「請你準確地和我分享，你究竟對每個委員會同學説過甚麼説話，讓你成功説服他們同意你的建議？」

應徵者：「很簡單，我跟他們説我是主席，所以他們應依從我的指示，因為我是學生會的最高負責人。」

我：「哦……Okay……」真教人無話可説。

雖然這不是一個應徵者在面試時説謊話的例子，因為他的確以為自己的做法是一個有領導才能和團隊合作的表現，但你也可以從中看

到，當一個面試官針對一件事情愈問愈深入的時候，如果應徵者在說謊，那麼他會愈來愈難維繫他的謊話：在細節處創造出更多的謊話來引伸自己剛才說的謊言，是極為困難的。這是一件靠運氣的事，就像這個例子，如果我沒有時間追問（這也是經常發生的情況），我便會趕快跳到其他話題而不是再深入探討。

當你在回答一條行為問題而說謊的時候，你其實在打賭面試官可能沒有足夠的經驗來識穿你的假話（靠運氣），或是她沒有足夠的時間來深入探究並識破你的謊言（靠運氣），或你的假話說得很使人信服，令她不會深究（部分靠技巧，部分靠運氣）。

回到剛才的例子，那位應徵者並沒有說謊。我在學習測謊技巧的時候認識到一個根本的概念：當說謊話的人心裏清楚知道它是不真確的，那番說話才可以被視為謊話。所以你若然深信某些事情是真確的，雖然事實並非如此，但你沒有在說謊。

那位應徵者深信自己的故事證明他有團隊合作和調解紛爭的能力，問題是他對團隊合作和調解紛爭的定義和我的有很大出入。我興幸我憑着直覺問我第 3 條的問題來深究，因為我幾乎想略過它來談別的話題。你可以說他有點不幸，他處理其他問題應對得體，若不是我在這話題裏的第 3 條問題，他會通過我這關而進入下一輪的篩選。

我撰寫這本書的目的，也是想讓你以最策略性的做法來應付面試，盡量減少你對運氣的依賴。如果你做好準備功夫和 DaCAMMS©的工作，你則毋須為了要在面試時作出好的回答而編撰謊話。以我的經歷而言，我從未需要說謊，我亦覺得不值得冒險，對輔導過的客戶來說也一樣，我們能在他們過往的經驗中找到一些真實的故事在面試中應用出來，不論是工作、學校、個人甚至乎是童年時期的事情。

6. 敏感問題

有時你被問到一些個人處境的事情，而這些問題可能和你申報的工作有關或無關。例如：

- 婚姻狀況
- 懷孕與否或將來生育計畫
- 殘疾
- 家庭狀況（例如：你有否需要照顧長期病患或有殘疾的家人）
- 種族背景

視乎你所在的國家，或是你應徵的公司總部在甚麼國家，面試官都有機會間接或直接地問及這類敏感問題。有些國家如美國，則設有很嚴謹的針對工作環境的反歧視法律，所以美國公司或跨國企業在美國進行面試時，比起那些反歧視法律比較寬鬆的國家，面試官都會相對比較小心保守地問問題。意思不是她們不會問這類敏感問題，而是她們有可能會以比較婉轉和間接的手法來提問。也許會有些面試官不太理解她的做法會令公司帶來法律上的風險，而沒有保留地向你提問這類問題。

例如，一位女性的應徵者可能被問到她是否已婚或正計劃結婚，有沒有生兒育女的打算（在亞洲是很普遍的情況）。也許她會被問到如何兼顧工作和家庭。甚至乎面試官可能會很簡單直接地問她如何過工餘時間，如果她有子女的話，大可在這時候提出來。面試官也可能會查詢關於應徵者的種族背景，她們可能會直接問，又可能會間接地問應徵者哪一種語言是他的母語和他能操哪種語言。

關鍵是回答那問題背後的真正問題。面試官問那些問題的時候，背後的憂慮和欲求是甚麼？關於一個女性應徵者的婚姻狀況和有沒有孩子的問題，背後可能意味着面試官擔心應徵者在不久的將來需要放產假，或她擔心這位應徵者能否全程投入新的工作，例如她能否加班和出差等。如果你建立了一個好的面試官清單，你就可以事先得悉工作的要求，在面試官提問這些問題的時候，認清她背後的動機而作出正面的回應。

例如妳是一位有孩子的女性求職者，而妳知道這份工作需要出差和較長的工作時間。面試官的提問可能是：「你如何兼顧工作和家庭的需要呢？」除了直接解答問題字面上的表面意思，你可以選擇這樣的回應：

首先用一個問題澄清面試官的意思：「妳是否指關於出差和長時間工作呢？」或者妳肯定面試官是這個意思的話，妳也可以直接說：「如果妳是說關於出差和長時間工作方面……」

接着妳可以說：「這不會有問題，因為我家人都知道事業對我來說是很重要的。我丈夫的工作毋須他出差，在家我有人幫忙，而我和父母也住得很近，他們常常來幫忙照顧孩子。丈夫和我有共識，我將來的工作若需要出差和較長的工作時間，我們對此都沒有問題。我也很期待新工作帶來的挑戰。」

這樣的話，妳正面地回應了面試官的憂慮，即她擔心妳因為未能長時間工作或出差的緣故而不願意或不能做好這份工作。如果妳只是回答問題字面上的表面意思，那面試官只能猜測妳對她真正的問題（和憂慮）的答案。一定要回答問題背後的真正問題，對於這些敏感問題更要如此。

•• **Lesson 17** ••
如何處理兩條
最常見的面試問題

JOB

冷靜下來！
別讓憂慮滋長。

現在你已明白如何處理面試遇到的最普遍的各類問題，就讓我們看看一些最常見但又難應付的兩條面試問題吧。

1. 請介紹一下你自己

↵

這是一條經典的作為開場白的提問，也是這條問題令我在歷年多次面試的經驗裏，唯一一次失手。

那時我還在高盛，正在申請一個公司內部的空缺。我已經成功地通過了幾次面試，最後的面試由部門的全球主管進行。每一次面試我都小心地重溫我 DaCAMMS© 筆記，並以在上一次面試裏接收到的新訊息調整一下資料，而該部門的亞洲主管坦言告訴我，我是他們在眾多的應徵者裏的首選。

為了協助我順利過關，他還給了我一些提示。他說：「我們的

global head 是一位難以應付的面試官，很少應徵者能通過她這關。你一定要盡最大的努力做足準備功夫，小心應對。」他說這番話的時候神情特別嚴肅，語氣還帶點憂心忡忡，坦白說，他的說話挑起了我內心的憂慮。我嘗試不理會這情緒，理性化地自我勸說：「應付面試絕對是我的強項，沒有甚麼值得我害怕。害怕只會令我面試時更緊張，我應該很了解這一點，就是害怕失敗是一個自我實現的預言（英文為 self-fulfilling prophecy，即害怕失敗只會促成失敗）。要停下這個情緒！停停停！」但我在進行準備功夫的時候，我感覺到我的憂慮還在滋長着。

對方在海外，面試是透過電話進行，而我亦感覺到我遠較平時緊張，但至少我有準備和在以往的面試中我都沒有失誤。她問我：Tell me about yourself.，我卻一直都沒有重視這條簡單又普遍的問題。我那時腦海裏一片混亂，究竟我應該從哪兒說起？哪些是重點？哪些東西是她會關注的地方？我看着自己答得一團糟。我說了我出生背景，唸書時的事。我警覺這些其實都無關重要，但又難以突然停下來把話題轉回到工作上的事情。恐慌的我東拉西扯，那時我只希望面試快點完結。在那刻之後，談話都不能重回正軌，而我最後也得不到那份工作。

自此之後，我會確保我除了針對那些強項和缺點之類的核心問題做好準備工作之外，我也會對這條「請介紹一下你自己」的問題，好好想一想要如何回應。我作為一名面試官，自己也對着上千的求職者問過這條問題。現在讓我和你分享一下，怎樣的回應是可取的，怎樣的回應是不好的。

面對模糊的問題，要設定你的策略，你要問問自己：

- 為何面試官要問這條問題？
- 她想知道些甚麼 / 憂慮些甚麼？

在上一章裏已討論過，面試官問一些模糊的問題的其中一個目的，就是在想不到其他問題的情況下填滿時間。「請介紹一下你自己」的這條問題，其實情況也很相似。要知道面試官最普遍的問這條問題的動機，想想以往的面試經歷，她問完這條問題之後，通常她接着的動作是？

她通常會埋頭閱讀你的履歷表。

就是這個了，她問這條問題的目的，是要給自己爭取時間來閱讀你的履歷表，因為她在跟你見面前沒有好好準備。

有些應徵者可能會因此而感到不快，好像面試官對他不夠尊重。你做了這麼多的準備功夫前來面試，她竟然沒有做好準備嗎？

背後可能有不同的原因。即使我也對面試官進行面試技巧的培訓，教導他們要做好準備功夫，但我自己也經常對應徵者提問這條問題時，爭取時間埋頭看看（或重看）他的履歷表。可能的原因有：

- 面試官其實有閱讀過你的履歷表，但她實在有太多的應徵者要會見，所以她需要臨場再看一次來喚起她對你的印象。她可能事前有準備過要問你的問題，她也可能根本沒有時間這樣做。
- 面試官沒有時間做好面試的準備，她可能掃視過你的履歷表，也可能完全沒有。
- 原本安排為你面試的面試官因為突發的事情（例如是突然召開的會議或客戶的問題需要馬上處理）而不能跟你面試，所以臨時找到部門的其他同事代替她，也正因如此，這位同事沒有機會事先看過你的履歷表和準備她的問題。

在面試過程裏，其實你並不是唯一感到緊張的人，面試官也有她的壓力，她要表現專業和對該空缺的工作內容有清楚和豐富的知識，她還要想出一些好的問題，她要辨別誰是最好最合適的求職者，為公司作出最好的招聘決定。

當面試官埋頭閱讀你的履歷表時，有 3 種情況會令她抬起頭來：

1. **她看完你的履歷表並想到約 3 條問題要向你提問**：她會等到你對剛才「請介紹一下你自己」的這條問題作答完畢，然後她會開始她真正的提問。這情況是一個既不失分又不得分的中性的結果。

2. **她從你的回答當中聽到意想不到的東西**：她聽一些和她清單有抵觸的東西，意味着你不是一個合適的應徵者。她不能馬上結束這面試，因為這樣做對公司的形象不好。她需要多等一會才讓你離開，令你不會太不高興而在社交媒體等渠道對公司作出惡評。這時她只是扮演在和你面試來度過時間。這情況是一個失分的負面的結果。

3. **你的回答很有趣**：她從你的回答當中聽到意想不到的東西，一些和她清單非常吻合的東西，或一些令她很感興趣的事情（也通常是說中了她清單上的選項），所以她很想進一步多了解你剛才分享的東西。這是最理想的結果，提供了一個讓你在她心目中加很多分的契機。

在上一章我已討論了應付模糊問題的對策，解釋你可以隨你的意思作答的好處。那麼，準備這條經典的問題時，你又應採取怎樣的策略呢？

記着面試官的原意只是爭取時間來閱讀你的履歷表，意味是她對你的答案其實不是十分在乎。所以如果你得到一個中性的結果，那是

沒有問題。但如果因為你未能好好回答這條無關痛癢的問題，而令你出局，那未免是太可惜了。

是甚麼令應徵者在這問題裏被淘汰出局？多年來，除了自己的經驗以外，被我面試的很多求職者都對這條問題處理得很差。以下是一些常見的失誤：

1. 綿綿不絕的答案

你沒有看錯。我不是說綿綿不絕的句子或段落，而的確是指那些停不下來的回應。我記得有多次的經驗，通常這些應徵者都是因為太緊張，於是不停地說。我一般都會以答謝來打斷他們的述說，並要求大家轉移到別的話題。有時我會遇到一些應徵者在我要求說別的事情之後，還會滔滔不絕地繼續他的故事，更有甚者，有一次我連續 3 次打斷他的說話，他都依然不能捨棄他的話題，我於是放棄了而讓他說完了他的故事。他總共花了 20 分鐘，之後我只跟他說：「多謝你的分享，你有問題要問我嗎？」

這個停不下來的演述會帶來兩個可能的結果。最普遍的結果是應徵者因此而得不到採納。他的表現明顯地顯出他沒有 EQ 和溝通技巧，在自說自話的時候，未能從面試官方面得到任何提示和訊息，無可避免地他說的東西會跟面試官的清單上沒有關係或甚至有所抵觸。第二個可能性是在我多年經驗裏出現過僅只一次，就是他的故事和我的清單上非常吻合，於是我給他一個機會讓他進入下一輪的篩選，其實面試官也明白應徵者也是人，會在面試時感到緊張。

2. 無禮貌地或拒絕回答

這個情況發生的次數比你想像中多。我還記得有一位應徵者的回應是，瞪着眼望着我，並用有點不屑的語氣冷冷的回答：「都寫在我履歷表上」。另一位應徵者則説：「我的資料都寫在履歷表上，如果你喜歡，我可以讀一次給你聽。」當我聽到這些回答心裏都很不爽。我只需爭取幾分鐘的時間來看你的履歷表，我並不需要你覆述一次我正準備看的東西。

3. 太多的個人訊息

也有些人對「請介紹一下你自己」的這條問題作出太過字面上的解讀。我曾經遇到應徵者向我講述他有多少兄弟姊妹，去過哪兒旅行。我會關心這些嗎？我只是想爭取一點時間，我關心的只是你跟我的清單是否吻合，或作為一名有機會被我錄用的人，你能否回應我的欲求和移除我的憂慮。

4. 沒有提供任何個人的訊息

對於「請介紹一下你自己」的這條問題，我的預期是你會説一些關於你個人的事。很多時應徵者卻只是説到工作和事業的事情上，這會帶來一點不快，因為你沒有回答我的問題，其實當你説一點關於你自己的事情之後，我自然會問你工作和事業發展的事宜。所以在此刻你還是説一點關於你自己而在履歷表上沒有記載的事情吧。對，我沒有忘記這跟第 3 點有所矛盾的地方，下面很快會提到的。

那麼，我們怎樣可以達到一個中性的結果呢？一個好的回應是怎樣的呢？

1. 不要超過 2、3 分鐘

你在面試期間並不能計時，兩分鐘只是一個指標，讓你記着不要說得太久。當面試官決定下一條提問時，她不會想等得很久才開始面試的「真正」部分。

2. 個人訊息

只需提供少許背景資料就足夠了。

3. 教育背景

如果教育背景是你申請這空缺的強項，那麼你當然可以多說一點，否則，你輕描淡寫的說少許就可以了。如果你有多年的工作經驗，你更可能毋須提起你的教育背景。說不說與否視乎它是不是影響到你如何證明你是吻合面試官清單上的選項。

如果你是一位學生，希望在公司院校招聘時（即不是一般職場招聘）獲得取錄，記得要說出你會在哪年畢業。公司針對院校招聘的人數額度（headcount）是和一般招募的額度分開的，但它有時間性，所以畢業年份這個資料是一個值得再強調的訊息。

至於工作經歷，雖然這是面試官最感興趣的地方，但請不要只是重複着履歷表上的訊息，這樣做只會令面試官感到沉悶。你需要做的是給你的工作經驗一個總括的概述，或強調某些與面試官清單吻合的重點。

以上的回應方法會給你一個穩當的答案，可以讓你得到一個不會失分的中性的效果。面試官也會高興地接着問她剛才想好的問題。但如果你想在這條問題得分，讓面試官對你另眼相看，你的回應要有以下的元素：

1. **熱情和興趣**

   在你的回答中加上大量的對於這工作的熱情和興趣。很多時都是你工作方面的事情，但你也可以從個人的工作以外的體驗和經歷，連繫到面試官的清單。人們愛聽熱情和興趣的事，因為它意味着你會因此而相對其他人在這工作上更努力和學習得較快，即聘用你的風險會因此而減低。如果你沒有相關工作經驗，這點尤其重要。

2. **我此刻在這裏的原因**

   在你回答的結尾，讓面試官知道為何你對這公司和這空缺有興趣，為何你很興奮能有這個面試的機會。合適的話，你更可以直接請求對方給你這份工作（我常鼓勵應徵者在面試結束時這樣說。）如果你原本的職位較高級或各大公司對你這樣的人才需求很高，而你不想顯得太過渴求這份工作，你也可以説你有興趣知道多些關於這份工作的事，表達你有意多些了解這個空缺是可以營造一個平等的感覺，她考慮你的同時你也在考慮她。無論那一個方式最適合，表達一定程度的興趣，無論是對這空缺的興趣，還是有興趣知多點關於這工作的事宜（在未決定是否對這工作有興趣之前），能讓面試以一個正面的語調來開始，這總是件好事。

3. **有趣或獨特性**

   加上一些有趣的東西讓你顯得獨特，會在別人心中留下深刻印象。最好的是，這特點是一些履歷表不會引導面試官問的東西，而有效地體現出你和面試官的清單更吻合。我曾在面試時，當對方説到一些很有趣的和我清單上吻合的東西的時候，我會馬上放棄我原本準備好想問的問題，而繼續了解多些他剛

才說的事情。這個做法讓應徵者能控制面試的方向和焦點！

有一位應徵者告訴我他是跑馬拉松的好手，這點和我清單上的性格特徵要求吻合，有熱情、堅持有毅力、專注於定下的目標並能刻苦面對。另一位求職者告訴我以前做過的項目和當前的空缺如何有所關連，即「我此刻在這裏的原因」，就這樣他解說出他的技能和對行業的知識是如何能應用到這空缺上，雖然這些都在履歷表上提及，但他還能令我放下原本準備好要問他的問題，追問他做過的項目和工作經驗。

關於以上提過的矛盾，「透露過多的個人訊息」和「透露太少的個人訊息」之間的取捨，我會利用我作為應徵者於面試時的答案作為例子，向你分享我的做法和策略：

「我的名字是黃慧玟 Natalie，我在香港出生，在加拿大長大。」這點背景除了把對話個人化之餘，還有一個目的。雖然面試官不會關心我在哪兒出生長大，透過這句話，我告訴她我不需要簽證許可便可以在香港工作，而我的母語是英語。

我通常還會說：「我能操 5 種語言。我母語是英文，還有粵語、普通話，我也曾在日本和韓國唸書。」我從未需要在工作上使用日文和韓文，直到最近我才需要在日本進行培訓的時候，部分以日文進行。日文和韓文的語言能力也不在面試官的清單上。我提出這點有兩個用意：讓面試官知道我有一個國際的背景及視野，我的文化觸覺和適應能力也較一般人強，能與不同文化背景的人融合共事。此外，我很有信心沒有其他應徵者會有類似的背景，所以這點會令面試官對我印象深刻，即使這與她的清單沒有直接的關係。我可以想像那些面試官在比較不同的應徵者的優劣，她們就算忘了我的名字，也可能會記得那位能操日文和韓文、從加拿大來的華裔女生。

這條簡單而面試官又對它沒有甚麼期望的問題，其實可以被應徵者設計為一個很有力的工具，引導面試往你有利的方向發展。模糊的問題就有這個好處：你說甚麼都可以，只要不是負面和不專業的便行。你可以保守點以一個中性的既不得分又不失分的結果為目標，你也可以進取點期望在這問題上爭取得分，這完全是你的選擇。

　　我多年進行面試技巧的輔導，從未見過有人能對此提問近乎完美作答或能作出近乎完美的作答。所有我遇到的人都需要修正他們的答案，直到我遇上 Peter，一位申請在亞洲金融業工作的 MBA 學生，他正準備一份心儀的工作的面試，所以找我幫忙。我得到了他的批准，把我和他進行模擬面試時的對話在這裏記錄下來和你分享：

　　我：「Peter，謝謝你今天到來。可以介紹一下你自己嗎？」

　　Peter：「當然可以，不如從我的現況，我的過往，和為何我對這空缺有興趣說起吧。我現在是香港科技大學的工商管理科的碩士生。我在中國出生，中學的時候舉家搬到加拿大多倫多，而我選擇在香港唸工商管理，因為我很想回來亞洲生活及工作，而香港正好是個國際金融中心。」

- 剛剛足夠的背景資料，略提國籍和簽證的需要，帶出了自己的不同文化和國際經驗，並表明有意在亞洲發展。

　　「在我就讀多倫多大學的時候，我選修的科目是會計和經濟，所以我在唸工商管理的時候，我多修讀了一些與財經有關的科目，例如 PE 私募基金和 M&A 企業併購等。此外，因為我曾在外地工作，我也有一些有趣的經驗。畢業後我當時有兩個選擇，我可以在四大會計師樓上班，或去德國在一所跨國公司工作。我選擇了去德國並在那公司任職了 3 年。我非常享受那 3 年的光陰，因為我的上司都是優秀而廣被尊

重的榜樣，同僚和我合作愉快，人們都勤奮有效率。」

- 説清楚了對金融業的興趣，又説明了自己具備會計和經濟的知識。性格上，説出他膽敢承受風險，接觸新事物，意味着他能跳出傳統的思維框框，善於適應環境，與人相處，會向好的榜樣學習，有良好的職業道德。

「起初我在財務部當實習生，公司裏有兩位 VP 帶領我，從事關於集資和招募的管理工作。其中我也有機會去新加坡和上海工作。一年半後，我晉升成為一名財務分析員，負責分析集團子公司的財務表現。」

- 有在國際和在亞洲工作的經驗，表現出色。

「我對這空缺有興趣，有 2 個主要原因。我很幸運有機會向在這公司任職的人請教，我得知貴公司有一個與別不同的較謙遜的企業文化，不像其他工作玩樂都拼命的金融機構。我也和曾任職貴公司的子公司的人談過，談起當初在被貴公司收購為子公司的初期，母公司派員來學習了解子公司的情況，然後才提出改善營運的建議。我覺得這個態度反映出貴公司謙厚踏實的文化，而不是傲慢地指揮子公司要如何配合改變。我覺得這種企業文化，可以長遠地幫助公司避免陷於傲慢和自滿。這是我想加入貴公司的原因。」

- 解釋了他「我此刻在這裏的原因」/ 為何他想在這公司工作，理解公司文化，暗示他與公司有共同的價值觀。

「另外一個原因，是我喜歡私募股權這門生意和私募投資市場的工作。我在多倫多大學裏最喜愛的學科裏，學習到一個關於西南航空公司的案例，他們為了改善運作，採用了統一機隊的規格，以及飛機降落後與再起飛前周轉的速度優先為營運的策略。這公司則採用了與同

行合併來擴大公司的規模來提高成本效益，或透過縱向結合來擴大集團的組成並產生協同效應。我明白公司在作出這等投資的時候，也會協助被注資的機構釐定增值的策略，所以我認為在這裏從事私募投資的工作一定很有趣。所以我是真心的希望得到這工作，謝謝有這次面試的機會。」

- 熱情和興趣，對公司策略有一定的理解，清晰說出想得到這份工作的意願。

在模擬面試過後，Peter 告訴我曾有人給了他很多的輔導，他也花了很多時間來準備這次模擬面試。雖然他的解說比我建議的兩分鐘較長，但他的回答每一部分都命中了面試官的清單，所以面試官會很高興繼續聽下去。後來不出所料，Peter 亦順利得到那份工作。

2. 你的強項和弱點是甚麼？

↵

這是一條標準的面試提問，先聚焦在「弱點」吧。面試官擔憂招聘了一個不適合的人，對公司帶來很高的損失，她是抱着矛盾的心情來問你這問題，因為她們心知你不會說出一些令你面試失敗的真相，但她卻希望你會說出一些原本是你隱藏着的東西，令她可以更準確下判斷。

大家都知道要把弱點說成為強項，問題是如果你把你的弱點說得太正面，而根本不像一個弱點，或你只能說出一些大家都會說的東西，那就令人覺得你不夠坦誠了。

我試過一整天進行面試，在弱點這問題上，大部分的應徵者都給我非常類似的答案，特別是初入職的應徵者都會回答以下內容：

「我的弱點是時間管理，因為我太過盡責 / 勤勞 / 熱心 / 有動力……於是我肩負太多的責任而未能好好管理我的工作量。」措辭有很多變化，但主題都是一樣：「請招募我吧！因為我太勤奮太盡責！」這個答案本身並無不妥，只是當大家都是這樣回應的時候，難免會令我反白眼。請問你認為我能相信你嗎？我想聽的是事實，請不要再抄襲網上的格式化答案了。

一個好的回答能提升你的誠懇度，一個壞的答案令人覺得你有所隱瞞，但你又不可以回答一個太真實的弱點，而令面試官覺得你不是個合適的人選。那麼，應該要怎樣回應這條問題，才令我相信你的弱點，而仍想聘用你呢？

關鍵是面試官的清單。回到你 DaCAMMS© 的準備工作，再細看你的 Must Have 和 Nice to Have 清單，留意你和它們吻合的地方。

⊗ DON'T：你的弱點不要是 Must Have 清單上的選項。如果這是必要有的選項，那你一定要具備它，至少你能在合理的時間內培養出這個能力，讓你勝任此工作。

⊘ DO：你的弱點要在 Nice to Have 清單之上。這只是一個「最好能有」的條件，如果你不具備這條件，這是沒有問題（在清單優先次序上較低的位置是更好，但你要考慮其他因素），它不會影響你能否勝任這工作。

⊗ DON'T：不要提出一個 Must Have 和 Nice to Have 清單都完全沒有的弱點。至少你說的第一個弱點不可以完全不在她任何清單之上，因為這會令人覺得你有所隱瞞，或最低限度，你不能減低我對聘用你評估的風險，因為你沒有掃除我擔心你是否合適的這個憂慮。

多年來我察覺人們說出一個與申請的工作無關重要的弱點時，通常都有以下原因：

1. 他們當中大部分人選擇了一個逃避的策略。他們心知自己有些弱點與面試官清單有所衝突，所以他們寧可把它隱藏起來，說些與工作無關的弱點。

2. 有些人自知對面試官的清單不太了解，和以上的那些人一樣，他們也用上逃避的策略，避免說出一個負面影響的弱點。

3. 也有些人主要的策略是簡單地模仿大多數人的做法，他們沒有對申報的工作做好分析。

撰寫這本書的目的，是要幫助你利用情緒智能作為你求職的策略，而不是陷於無知，或選擇逃避。我們正面地面對眼前的挑戰吧。

當你給我一個在我 Nice to Have 清單之上的弱點的時候，會像魔法一樣令我更相信你，我會想：「他也理解這一點是我需要入職的同事做好這份工作的條件，他卻毫無保留地告訴這是他的弱點，證明他一定是個坦誠的人，我可以相信他。」當她覺得你值得相信的時候，你其實已經解除了她懷疑你有事情隱瞞她的這種憂慮 —— 我聘用你會沒有令我意料之外的問題，我覺得聘用你的風險是降低了。我下一個想法就是：「這弱點不是很關鍵，只是工作的一小部分，他在這點不強不是問題，他有其他強項（在 Must Have 清單上的東西）便行。」。

回到我的親身經歷，即當我在高盛申請人事部裏的院校招聘空缺。雖然我對那空缺興趣不大，既然要申請，我也做好準備功夫。我發現 Must Have 清單上需要有打好人際關係的能力、有能勸服別人的溝通技巧，以及優良的後勤工作的組織能力。因為這工作的關鍵部分，是要和公司內部客戶、求職者和大學建立良好的工作關係。一個負責院校招聘工作的人，需要勸說內部客戶調配人手幫忙面試，也要

勸誘目標的求職者去申請公司的空缺和接受公司的招募，與其他機構競爭，並說服大學裏的就業指導中心的人提供他們頂尖的學生的資訊和支持公司舉辦的招聘活動，也要管理好整個招聘的過程，確保沒有失誤。

在準備面試的過程裏，我發現對公眾演說是我的弱點，但這是 Nice to Have 清單上的一個選項。一個負責院校招聘工作的人在進行公司的招聘活動的時候，有限度的需要對眾人演講。關鍵是大部分的解說都是由業務部門裏的高級同事或在公司任職的曾就讀該大學的舊生負責，負責院校招聘工作的人只會在活動開始時說明當天的流程和介紹其他講者出場的時候才有機會向眾人講說。

當被問到自己的弱點時，我沒有說我如何勤勞，我說：「我明白從事院校招聘的工作需要安排組織活動，當中需要我對公眾演說。但我對公眾演說素來都感到害怕，有時在會議上我對表達自己的意見也會猶豫。我深明這點對我事業的發展並不理想，所以我也有上過一些關於演講技巧的課程。現在我有一個習慣，就是我在開會前我都會計畫一下我要說甚麼，和確保自己在會議上主動表達意見。我也準備參加 Toastmasters 的活動，讓我能有多些練習的機會。」

當時的面試官，即我後來的上司，對我的回答非常滿意。她說：「這沒有甚麼大不了。工作上公眾演說的需要不大，就你剛才說話的表現看來，我肯定你沒有問題。」我也獲得取錄了。

其他要點：

1. 如果你被要求提出 3 個弱點，你的首兩個弱點或至少你的第一個弱點，是要在 Nice to Have 清單上找到的，這是確保你的可信性。

2. 如果你的第一個弱點有足夠的說服力，第二個弱點在清單上的次序可以較低。如果你的第一個弱點的說服力只是一般，則你需要兩個一般說服力的弱點來令面試官相信你。

   譬如說有份工作需要英語能力，但不需要到一個以英語為母語的程度，你可以說英語是你的弱點，因雖然你的英語不錯，但也不是母語普通話般的流利程度。這個說法帶出了你符合她 Must Have 清單上的要求（即一定程度的英語能力），還有一個額外的技能，就是你能操母語程度的流利普通話。

3. 第三個弱點是無關痛癢的，可以是一些很樣辦的「我太勤勞。」等的弱點，或一些與她清單無關的弱點。例如，若你申請的工作是司機，面試官則不會關心你是不是一個好的廚師。除非你的第一個弱點很有說服力，否則你的第二個弱點不要是「我太勤勞」等難以令人信服的弱點，或是與清單無關的事情。

在結尾時一定要說出你如何改善你的弱點。以我不擅長面對公眾演講為例，我舉出我過往針對我這弱點而實行的具體改善方案（上課），我改善我弱點的進展程度及我現在的做法（在會議前計劃一下要發表的意見），和我將來在如何繼續改善這弱點的打算（加入 Toastmasters）。因為這是你的弱項，面試官通常不會期望你能把它變成強項。這是確保你的弱點是她 Nice to Have 清單上的選項的另一個重要原因，即你的強項需要和她 Must Have 清單上吻合，因為那些必定需要的東西是決定你能否勝任這工作。

那強項又如何呢？弱點的反面是強項。釐清在 Must Have 清單上優先的和你吻合的選項，集中推銷你這方面的長處。把面試官的注意力聚焦在你想她在意的地方，即那些和她清單吻合的強項之上來「證明」你是有潛質能成為一位高表現的員工，你適合這工作。一貫地用故事來支持你的說法。

如果你有很多弱點都和 Must Have 清單上吻合，則如何是好？如果在過程裏你意識到你有很多弱點都在面試官 Must Have 清單上，而這些弱點是一些你沒有能力或沒有很大興趣去努力改善到一定程度，讓你能在此崗位有合理的表現的東西。那麼，這是不是意味着你應該重新考慮，既然你表現出色或喜歡它的機會都偏低，你是真的想得到這份工作嗎？

•• Lesson 18 ••
答不出面試官
的問題時怎辦？

完美的答案，
都需要一點時間組織。

　　有時你也許會被面試官問個正着，不知如何回應。就算你用了最
大的努力去準備面試，這樣的情況仍有可能發生。不用感到不快，我
們現在聚焦在如何處理這情況吧。

　　回到網球的比喻，網球（提問）現在向你迎面飛來，你需要馬上
做一個很快的決定。如果你有多點的時間，你會不會回答得出色呢？

要求多些時間

　　很多人都知道利用以下的方法來爭取多些時間，我作為一個講者
也會這樣做，就是說類似這樣的話：「這是一個很好的問題」。但這樣
只會多給你幾秒的時間。如果幾秒不夠，而你又有信心如果你有多點
時間，你會想到一個出色的回答，那麼，其中一個策略便是作出這樣
的要求，譬如說：「這是一個很好的問題。我沒有很完整地細想過，如

果不介意的話，我可以花幾分鐘想一想才回答嗎？」或者你可以簡單直接地說：「請給我少許時間組織一下。」

有一次我在北大清華的研討會教導面試技巧，而翌日是高盛在北京的面試日（Superday），我整天的日程表都排滿了面試的安排。我的課是公開的，那天有幾百個在不同院校就讀的學生來聽課。翌日我進行面試的時候，到第四節面試時我開始發現，每位應徵的學生都利用我前一天教他們的技巧要求面試官給他們多些作答的時間。我可以告訴你，當年我作為應徵者在面試時這方法很湊效，那天他們對我這位面試官應用這方法也很管用。

它有效的理由是：

- 你已明確地說你沒有一個即時的答覆，所以面試官不會要求你說：「不，你要馬上回答我。」
- 大部分人都會保持待人和善的形象，就算實況並非如此。所以當你很有禮貌地要求的時候，面試官的本能反應就是戴上好好先生的帽子，然後說：「當然可以，花點時間想想吧。」

還有兩點要注意的事項：

- 一般來說，這辦法最好不要在同一個面試裏使用超過一次或兩次，一兩次的短暫沉默是可以接受，面試官可能沒有耐性多次停下來等你兩分鐘。
- 善用這個靜下來細想的機會，想出一個精彩或到位的回應。面試官剛浪費了兩分鐘的時間期待你的答覆，你的答案必須要值得她等待。

那如果你覺得在短時間內也未能想出一個卓越的答案，那麼你可以怎樣做呢？先說一個我懇請大家不要做的辦法。那就是⋯⋯迴避和

捏造答案！

我在很多面試裏都察覺到應徵者很明顯地不知道應如何回答，於是他們便一邊迴避一邊捏造答案。香港人有句俚語叫「帶你遊花園」，能完美詮釋這個情境，意思是以迂迴的方式回答問題，試圖引開別人的注意力，令對方沒有留意到他根本沒有回答原先的提問。對我來說，得到這樣的回應會令我很苦惱，這是我個人來說一件難以忍受的事情。你想一想，如果你覺得這個辦法可行，那就是假設面試官不會察覺到你說的話不合理或你在迴避問題，也即是你假設面試官沒有留心或不夠你聰明。

我不會說這是不可能的，甚麼事情也有一定的可能性，但這個假設真的非常冒險。如果面試官問上一條難到你的問題，代表這問題不能簡單作答，意味着面試官是刻意地問你，她大概對你的回答非常留心。

也有可能你在提問的內容方面，你比面試官了解的還要多。但在很多面試都不會出現這個情況，那麼，你能透過迴避和捏造答案而過關的話，是有賴面試官沒有足夠的智力來識穿你的技倆。

這就是我在應徵者對我使用這個手段的時候，我會感到不快的原因，我會把應徵者以為這樣可以過關的想法，視為低估了我的智慧。他們不曉得他們的做法其實是很容易被看得出來。

所以，與其迴避和捏造答案並侮辱面試官的智慧，不如乾脆說你不知道答案。既然決定不要求多些時間思考，也選擇不迴避和捏造答案，你別無選擇地只能說出自己沒有答案。

如果這是一個技術性的題目，箇中的知識技巧是勝任這工作的核心，一些她預期你應該知道的東西，那麼回答說你不知道是難以接

受。但如果不是這個情況，你猜想面試官可以接受你沒有這條技術性問題的答案，你可以説你不知道，但有一個竅門。

重點是不要回答「我不知道」而讓面試官一無所有，你要給她一些東西，一個同類相近的話題，讓她不會對你突然提出覺得奇怪，而你的答案要有一定的份量（讓你聽起來很有見識，儘管這不是她原本的問題）。

這裏有三個辦法：

1. 告訴她你沒有答案，但解釋你的思路

這辦法可以應用在尤其是邏輯性的問題，答出準確的答案固然好，但面試官最關心的你的思維有沒邏輯性。所以你在想一想後還對正確答案不太肯定的時候，你就可以坦率地説類似的話：「我暫時不太確定答案，但我可以分享一下我思考的方向。」跟着你便把你的思路一步一步的説出來。

2. 面試後再電郵回答

你可以説你對這問題沒有答案，請容許你在面試後花點時間研究一下再回覆她。有一位求職者告訴我他針對面試時答不到的問題，在面試後準備了一頁的報告電郵給面試官。雖然他面試時不能解答那問題，面試官還是欣賞他對問題這樣積極跟進，而他的報告做得很好，於是讓他進入下一輪的篩選。當然，這辦法只能在你不懂得相關的知識是可以接受的情況下才管用。

這樣的回答會讓面試官知道你對被問到的話題是感興趣的，並採取主動去了解多些（特別是問題與工作有關），而不是藉着對這話題本身的知識而令面試官留下深刻印象。

不過要注意的是，面試官提問的動機可能不是在考驗你的知

識，而只是試探性地想了解你知識的範圍，那麼，她可能會跟你說你不用回去調研，而繼續她的問題，探索你對其他題目的了解程度有多深入。

最好的做法我留到最後，以下是一個得分的黃金答案。

3. 分享類似經驗 / 知識

告訴她這個問題你沒有答案，但你可以分享和這問題類似或相關的經驗和知識，就算它不能完全回應到這提問。

一般來說，你需要正確回答面試官的提問才能被考慮受聘，但如果這是一個技術性的問題而面試官不一定期待你懂得，而你在想一想後還對正確的答案不太肯定的時候，你可以坦率地說類似以下的話：「我對這條問題沒有正確答案，但我可以說一些我對這命題認識的事情。」在以上也提過，有時面試官不一定期望你對她每一條問題都能解答，她問你不同問題的用意只是想知道你知識的廣泛程度，意思是她的問題是試探性和沒有太大期望的。

所以你在被面試官問到一些關於你經驗和知識的事情而你沒有答案的時候，與其只說你不知道，不如說你對該問題沒有答案，但你對相關的事情有經驗或知識。

在我之前提及的內部調配申請中，面試時，我在被問到在中國進行院校招聘的知識，我使用了這方法。儘管我多年在公司從事招募的工作，我從來沒有在中國進行招聘的經驗，我曾嘗試找相關的訊息，但不大成功，因為當時投資銀行剛開始在中國的院校招募，沒有太多的經驗可以借鏡。所以當我被問到這問題時，我的答覆是：

「這真是一個好的問題，其實它是我想請教妳的其中一條問題！

我對這方面曾嘗試進行調研，也利用過我在這行的人脈。但不幸地好像沒有很多關於內地院校招聘的訊息，但我知道在中國，業界內對有經驗的人力資源市場是很緊張。我推斷是因為金融業在國內還算是一個新興產業，所以在這方面有經驗的員工人數較少，其中能操流利英語，跟國際機構文化上能配合的更是少中有少。請教你一下，如果我說在中國進行院校招聘遇到的挑戰是類似的話，這說法成立嗎？」

我們把這個答案逐步分析一下，理解它背後的策略，和為甚麼這個策略能成功：

- **開始**：「這真是一個好的問題，其實它是我想請教妳的其中一條問題！我對這方面曾嘗試進行調研，也利用過我在這行的人脈。」我真正的意思是，你的問題並沒有在我意料之外，而我有做好準備功夫，可是我的調研沒有讓我搜集到相關資料。這是一個合理的解釋，因為當時這是一個新的人力市場，未能聯繫到一些了解內情的人是合理的。
  如果面試官問你的東西是一些你應該得悉的資訊，那麼這個回答方式對你來說未必適合。
  我說明了我的確有投放時間了解新的工作情況，準備這面試。透過這樣的說法我也發出了一個訊息，就是我對這工作機會是認真的，而且，雖然我沒有做過這工作，我對這工作的要求有一定的掌握。
- **結尾**：「請教你一下，如果我說在中國進行院校招聘遇到的挑戰是類似的話，這說法成立嗎？」我以一個問題來當結尾，把球打回面試官那邊。這問題聯繫到原本的提問，它邀請面試官分享一些訊息給我，讓我在餘下的面試裏有多些資料用作回應的基礎。

這個做法替我發出了一個訊息，就是我有興趣了解多些這行業或工作。對工作有求知欲的應徵者會減低面試官聘用他的風險，因為如果他對這工作有興趣和較深入的了解，他則會更願意努力，並對工作有較現實的期望，因此，這人不能勝任也不合適這崗位的機會會偏低。

我和你分享了一些建基於真實個案而行之有效的策略和辦法，讓你可以拆解面試時遇到你沒有答案的問題時的困局，目的是讓你能妥善應對面試時會遇到的大部分可能出現的情況。當然我不可能把面試時可能出現的所有情況都說明對應的辦法，但以上的策略，你可以把它看成你應對的基礎，視乎實際情況作出適當的調整。

在真實的世界裏，有一個常態，常態之上有無限可能性的變化。面試是人與人之間的互動和溝通（現在也有人與電腦程式的溝通，已出現一些自動化的電腦程式可以用來進行視像會議並對應徵者進行分析，但始終要有一個人作為把關者）。當你與不同的人走在一起，就會出現不同的組合和可能性。你只能盡力做好你的準備功夫，然後放手地接受挑戰，隨着事情發展而享受那過程。

但在本書結束之前，我還有一個更重要的策略要跟你分享，就是你如何影響面試官照你的意思來進行面試，如何主導面試的進程。

··Lesson 19··

掌控面試 ──
成功的面試
就是這樣

一個成功的面試是
一場對話。

　　要在面試中脫穎而出，做到本書內所說的其實不夠，你還需要在概念上有個根本的轉變，那就是你可以掌控面試。我知道這聽來好像有違常理，因為控制面試應該是面試官，她定下地點、時間、面試的長度和對你的提問。

　　我這個說法是甚麼意思呢？回想如何回答「請介紹一下你自己」這條問題，透過策略地選擇你在面試時分享的話題，你間接（差不多直接）地影響了對方的提問，再配合你履歷表的設計策略，你基本上可以掌控面試的進程，球其實是在你這邊的場地，控制如何發球的是你。

　　這是我會花那麼多的時間來準備面試的原因，我太不喜歡找工作的過程，我想找到一個一定成功的做法。除了一些標準的問題，面試官依賴你在履歷表上提供的資訊，及面試時的回答來決定要問你的問

題，和有甚麼內容她想深入了解。你在準備功夫上的努力，成果在於面試大致上以你計劃的情況下進展，因這是你的設計。

你控制着你履歷表上分享些甚麼資訊和如何展現它們，你也控制着你如何作答和在面試上向面試官提問甚麼問題。這是你如何掌控影響面試的關鍵。

還有一個考慮，以下是 3 個面試的層次：

在 Lesson 4 你已經學了如何把你的面試從 Q&A 的格式提升到故事描述的層次。但要奪取金牌的話，一個成功的面試是 —— 一場對話。對，就是這樣，一個真正成功的面試，是當你把它變為一個你和面試官的對話。

為甚麼這是重點？面試意味着權力的不對等，面試官在你面前有着權威，她評估判斷着在一個比她低下的位置的你。反之，一場對話則沒有意味着一個人對另一個人評估判斷，沒有這樣的權力不對等，而是一種想法、訊息、知識和意見的相互交流。一個銅牌的面試是這樣的：

- **銅牌：問答模式**
  面試主體 —— 面試官提問 ⇨ 應徵者作答
  面試尾段 —— 應徵者提問 ⇨ 面試官作答

這是一個問答模式的面試。之前已和你分享過，特別在 Lesson 4，是如何把答問透過故事描述而變得充實。

- **銀牌：故事描述**

面試主體 —— 面試官提問 ⇨ 應徵者講故事

（強調與面試官清單上吻合的選項）

面試尾段 —— 應徵者提問 ⇨ 面試官作答

這是一個故事描述形式的面試。那麼，一場對話又是怎樣的呢？

- **金牌：對話**

奪得金牌的關鍵是藉着提問而引發雙方對互相的分享：

I. 取代「面試官提問 ⇨ 應徵者作答或以故事作答」的模式，主動問面試官問題，不單在面試尾段這樣做，在面試的中途也要這樣做。

II. 跟一個純粹是答問模式的銅牌得獎或故事描述的銀牌得獎的面試的分別，在於互相分享。在你說出故事之後，不要等待面試官下一條提問，便向她問一條跟進的問題。設計一下你問題的結構來徵求她的見解、想法、意見、知識、經驗和感受。對話是雙向而互動分享的經驗。

當面試官回答你的問題之後，如果她不馬上向你提問，你也可以採取主動回應她剛才說的事情或透過故事描述來分享你的見解、想法、意見、知識、經驗和感受，也可以擴大剛才討論的範圍，然後問一條與剛才面試官的回饋相關的問題。或你可以不跟進她剛才說的，而再問另一條的問題。

金牌面試對話的程序

如果面試官在回答你的問題之後便向你提問，你可以重複一遍以下的流程：

1. 面試官提問
2. 應徵者透過故事描述來作答，強調一些與面試官清單上的選項吻合的事情
3. 應徵者向面試官提問一條跟進的問題徵求她的見解、想法、意見、知識、經驗和感受
4. 面試官回應
5. 如果面試官馬上提問，即回到流程 1
6. 如果面試官不馬上提問，應徵者可以分享一下（評論或故事描述），才回到流程 3

總結來說，延伸描述面試的三個層次為：

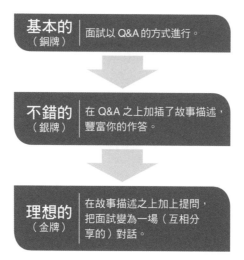

營造這效果的方法有很多，以下是一些讓你製造對話的例子。

如果你在分享某一些經驗的故事，你可以問面試官：「貴公司是否面對類似的挑戰？對公司來說，情況是怎樣的呢？」

就像之前的例子，我對在中國從事招募工作的事情問了面試官一個問題，來結束我的回應：「如果我說在中國進行院校面試的挑戰是類似的，這個說法說得過去嗎？」

通常開放式的問題是比一個 yes/no 的問題，更能打開話題。但這次我選擇用一個 yes/no 的問題來開始我們的對話。如果面試官說：「不。」她有很大機會會繼續解釋在中國進行院校招募的挑戰是甚麼。如果她沒有這樣解說，我也可以追問她：「院校招聘和招募一個有經驗的員工面對的挑戰是不同的嗎？這點很有趣。可以請教你多解說一些院校招聘的挑戰嗎？我真的很想對此認識多些。」

如果她答：「是。」面試官通常也會繼續演繹。如果她停下來，我也可以追問她。我的跟進問題有不同深淺度的選擇，例如：「真的嗎？這一點很有趣，妳可以多說些嗎？（具體的提問）／多說它們相似／分別之處嗎？（更具體的提問）。我真的希望能對這個市場有更透徹的了解。」在對話的進程裏，分享些你學過的或經驗過的相關東西，接着以一些跟進的詢問來延續話題。

我通常會在面試中途便這樣做，也常常成功把面試變為一場對話。當面試結束的時候，面試官和我彷彿成為了新認識的朋友，使她覺得我並不是一個單純渴求工作的求職者。不過如果你是剛開始使用這策略，你不一定要奪取金牌，你可以等到面試官提問完畢，給你機會問問題的時候才開始用上這個做法。這是一個容易和不會出錯的時機，但有一個缺點就是面試發展到這個時候，可能沒有很多剩餘的時間讓你發揮，把面試變為一場好的對話。

你要注意的是，不單是只問問題而不分享一些你自己的東西，如果你只顧提問而不說自己的事情或看法，這個溝通會變得像一個反方向的面試或審問，這不是你作為應徵者應擔當的角色，更重要的一點是，如果你這樣做，你會錯失一個推銷你自己和分享你事情的良機。

有效的提問能夠支持一場充滿互動的對話，雙方都出於一定的好奇心而互相分享和詢問。你對這工作有興趣，所以你對面試官會說的東西有興趣，從而令到這個對話有趣。而且因為你在面試官沒有提問的情況下自願地透露你的事情和想法，面試官能不斷發掘更多關於你的而又吻合她清單的事。太好了！

法術給人的印象，往往是神秘又神奇，施展法術彷彿不費吹灰之力。如果你熟悉《哈利波特》的故事，你便知道哈利和他的魔法師朋友們，在成功使用咒語之前，其實都曾痛下功夫。大抵學習法術，和運用本書的求職技巧一樣，需要耗上不少心神。哈利要學習正確的咒語，就需要合適的工具（即正確的方法和策略），他們要了解和面對自己（和他人）內心的欲求和憂慮（即情緒智能），他們需要建立堅實而不狂妄的自信心，加上無數次反覆試煉才能練成。到他們使出法術的時候，才能看似輕而易舉。

在本書結束前還想說明一點，讀到這裏，現在的你對自己作為一位應徵者和面試官都有從未如此透徹的理解，這個認知會幫助你進入面試官的思維和內心。我和你分享了很多面試的規則和策略，來提高你成功的機會。如果你緊隨這些規則，你成功的機會將大大提高。以我和我客戶的經驗來看，你會發現求職和面試會變得輕而易舉。在這裏給你最後的提示：

不要墨守成規，放膽打破這些規則吧！

我的意思不是請你忽略之前我所說的一切。不用擔心，你沒有浪費時間把這本書讀到最後。

我相信凡事都有例外，每個人、每個情況、每個場景都不同，很多時我在授課時告訴別人一個做法，但到輔導個別客

結語 ↵

戶的時候，我又可能教他一個相反的做法：個別的客戶有個別的情況，所以有時候最適合他們個別情況的策略，其實是規則上的例外。

其實我想告訴你的東西不只於本書記載的事情，還有很多關於如何成功求職的策略、技巧和秘密，我都未能在這書上盡述。為了篇幅不太冗長，在決定甚麼東西要寫和甚麼東西要省略之間，我實在難以取捨，希望將來有其他機會和你分享更多！

在這本書我只能和你分享一些在大部分情況都用得着的規則。可惜的是，我不能跟隨着你，在你會遇到某處境時，給你個人化的提示，所以在本書和我教授的課裏，我花較多時間解釋規則背後的理念，分析規則背後的 5W1H（Why, What, Where, When, Who & How，即何解、何事、何地、何時、何人及如何）。因為你需要有這樣深入的理解，才能準確地作出判斷，從而靈活地變化你的策略。

所以當你掌握了這本書的策略和技巧後，遇到某些情況，而你的直覺告訴你不可以墨守成規地跟隨我的做法去處理時，你就放膽去依照你想到的辦法來應對吧！如果我那時在你身邊，也許我會給你同樣的提議呢。希望你能在這本書中收穫一生受用的知識！

Happy Job Hunting！

作者
黃慧玟（Natalie Evie）

譯者
蔡昀（Aaron Choi）

責任編輯　朱嘉敏

裝幀設計　霍明志

排版　沈崇熙

印務　劉漢舉

出版　非凡出版
香港北角英皇道 499 號北角工業大廈 1 樓 B
電話：（852）2137 2338　傳真：（852）2713 8202
電子郵件：Info@chunghwabook.com.hk
網址：http://www.chunghwabook.com.hk

發行　香港聯合書刊物流有限公司
香港新界大埔汀麗路 36 號
中華商務印刷大廈 3 字樓
電話：（852）2150 2100　傳真：（852）2407 3062
電子郵件：info@suplogistics.com.hk

印刷　美雅印刷製本有限公司
香港觀塘榮業街 6 號海濱工業大廈 4 樓 A 室

版次　2019 年 1 月初版
　　　2019 年 9 月第二版
©2019 非凡出版

規格　32 開（148mm X 210mm）

ISBN　978-988-8571-97-0